上海城市记忆丛书

编著 陆 韵 陶祎珺

走近上海医院深处的老建筑

The Old Buildings of Shanghai Hospitals

同济大学出版社
TONGJI UNIVERSITY PRESS

上海城市记忆丛书

策划　那泽民　乔士敏

统筹　娄承浩　陶祎珺

序言

现今我国正处于现代化、国际化的大潮中，到处都在有规模地开发、建设，红红火火地实现着“旧貌换新颜”。然而，在一片新气象中，我们也经常听到了另一种声音：人们变得越来越“怀旧”，也即越来越向往和钟情于旧时岁月里的东西了，同时，那后面的历史文化及其遗产从上到下开始被高度重视，并且，社会同样为之作出了有规模的行动。

如在物质文化领域，大多数城市只要有可能，都在市内设定了历史文化风貌（保护）区，以个性化的特色展现出自己城市的历史风采；更有甚者，不少古城重新砌筑起城墙，修复了高大的城楼、城门，以显古城的厚重旧貌；许多古镇均精心打造，恢复以往的各种旧元素，从而成了旅游者趋之若鹜的地方；远在穷乡僻壤的古村落，也一个一个地被开掘、整理出来，参观者接踵而至，竟顿时出名；而在许多城市里，有古街的恢复重建之，没有古街的，会硬生生地打造布置出一条“历史老街”，同样填入各种老的元素，从而成了这个城市非常特别的一道新风景线。至于在非物质文化领域，从2006年开始，我国开始从下到上建立了非物质文化遗产名录制度，于是包括民俗、民间传统文艺、民间传统技艺、民间传统游艺等，被广泛地挖掘、提炼与利用起来。大量非物质文化遗产项目是可以表演和演示的，它们现今已广泛充实到和活跃在我们每年的传统节庆和群众文化活动中，以非常别致亮眼的节目，在我们的现代生活中闪耀出了奇光异彩。

人们之所以有如此之大的怀旧情结，历史文化及其遗产到今天能冲破现代化、国际化的重围，受到当代大众广泛的尊重和青睐，我想是有多方面的原因的。首先，中国毕竟是文明古国，我们的国家和人民从悠久历史中一路行进过来，民族之魂永在，文化之根根深蒂固，这是极难动摇的；第二，在现代化、国际化的环境中，国家和地方的性格必然也被提到极大的高度，民族个性、地域特色于是被充分地肯定和阐扬，历史文化正好是民族个性和地域特色中最核心最有代表性的内容；第三，我国各个时代的文字记载，以及口耳相传的文化情节，丰厚无边，留下了无限广大和精彩的记录和口述，这足以使我们的文化记忆不会磨灭；第四，改革开放后，中国的旅游事业大发展，旅游需要文化，必然推进到历史文化，于是，借着旅游事业的春风，历史文化景点及项目的开发与兴旺就可谓如火如荼了。

也就在上述这样的大背景下，同济大学出版社适时地推出了这套《上海城市记忆丛书》

来，为我们上海文化遗产事业的传承和弘扬来增光添彩。这套丛书的编撰工作由以娄承浩先生为首的一批建筑史专家承担，以上海的重要历史建筑（既有尚在的，也包括已消失的）为研究对象，建立了一个专业性的系列。

关于建筑，我一直认为是我们每天目所必及与日常生活紧密相关的伴侣，而它们又正是每个城市里非常有历史底蕴，有人文内涵，同时以其形形色色的造型、装饰等，生成为一个城市宏观和微观的风貌、风情的主要载体。我想，建筑及建筑文化的伟大与令人感到亲切之处也主要就在此吧。而上海更是特别。上海在近代开埠以后，从一个县城跃起而为中国的第一大城和世界著名都会。在这一翻天覆地的变迁中，上海海纳百川，开全国的先河，各种各样的新颖事业，如近代的市政建设事业、近代公用事业、近代房地产业、近代教育事业、近代卫生事业、近代科技事业……在此全面地大举兴起。而每一个事业都需要由实体的建筑来承载的，于是巨量的、五花八门的各种建筑便在这个城市应运而生了。

目前有关上海的建筑图书已出版了不少，但这套丛书的可贵之处在于：以近代上海各种新兴事业为分类，一类一书，这样就做到了比较集中、比较专业，如你要了解、研究每一个专门事业的领域的建筑状况，就十分便利了。在写作上，做到了既有建筑的变迁追叙，又有它们的现状交代；既有建筑的结构风格，又有它们的人文故事；既有文字记述，又有大量图照的配合。所以虽然属于建筑方面的书，但称得上是简明清晰、阅读便易、引人入胜的了。这套丛书对唤起和强化我们的城市记忆，必然会起到清新的、独特的功效。

如果提什么希望的话，我但愿这套丛书能继续发动更多的作者，加入其中，以写出更多的专题来。因为大上海历史上形成和延续至今的新兴事业实在太多了，从而相随而起的建筑也是百业百态，丰富多彩，同样多值得我们在今天广泛地回顾和推介。当然，要全面反映和展示它们，并不容易，尤其是一些特殊的类别。不过，来日方长，可以慢慢地不断延伸，只要我们坚持下去，我想这个系列一定就会如雪球一样，越滚越大，越滚越强的。

上海社会科学院　郑祖安

2016 年 12 月

目　录 Contents

第一章 近代医院的产生与形成

第一节 开埠前中国传统医疗现状

古代社会中国医疗可以分为公医和私人行医两种。中国早在公元 491 年便由南齐君主建立了带有诊所的救济机构，当然其制度与近代西方的医院制度相差甚远。上海地区医疗机构的历史可以追溯到唐朝，宋朝元朝逐渐发展，分为中央、州府、县三级，到明朝清朝，各医疗机构更进入了繁盛。

在封建社会，中国传统的医事制度的模式大致为：朝廷太医院的医官通过选拔医家子弟或由官吏奏保入宫，而民间的医生由儒医和游方郎中充任。政府也开办面对普通民众的以公医为主的诊疗设施，最早的有南齐的“六疾馆”，唐代有佛寺办的“悲田坊”、官办的“养病坊”，宋代有“安济坊”、“广惠坊”等，专门收治贫困病人。隋唐之后，私人行医开放，医官也可以在外设私人诊所。总体来说，中国古代的医疗机构是为一般民众治疗疾病的规模很小，与近代西方的医院制度大相径庭。

在上海地区，唐代时期就已有中医设诊行医，宋、元间逐步发展，明、清进入繁盛期。其中旧志收录的历代名医就有三百多人。在古代上海地区，南宋有何氏、唐氏两大医学世系，到元朝有徐复等，明朝更有“一代宗师”李中梓，清朝有中西医汇通学派的王宏翰及李用粹、刘道深等名家。文献记载，明景泰五年至崇祯十五年曾先后发生大疫 10 次，清康熙元年至宣统二年发生大疫 44 次。当时境内最早的卫生行政机构，当推设于元至元十四年的崇明州官医提领所。光绪二十六年 (1900 年) 后，中医医学废弛，仅上海、金山两县尚有县医学，其他各县都已无存县医学。

中医把脉图

晚清以前的中国医疗制度无论是医疗还是护理都是以家庭作为

单位，医生单独分散执业，或坐堂开店，或应邀上门施诊，也有少量游方郎，悬壶行医。在中国传统的医务制度中，医疗单位仍是以“医家”的形式出现，患者大多数时间都是只与医生一人接触，无须与他人交流，治病养病都是在家里完成。所以在当时的传统中国人就医观念中，把病人委托给陌生地点及陌生人照顾是难以想象的。

第二节 开埠后上海教会医院的产生

最初西医医院的兴起是由传教开始。在宗教历史上，施医散药以引人入教是一种常见的方式。唐代时景教就曾借医传教，元、明及清初，西医西药都经传教士传入中国。如元代北京有位也里可温教士设立施医散药处，名曰广惠司。明末清初来华耶稣会教士中，有位汤若望借医传教，谙熟历法，撰写《主治群征》介绍西医学理，被钦赐为“通玄教师”，朝廷官封他正一品的光禄大夫。还有位与汤若望同船来华的邓玉函，精通医学，著述《泰西人身说概》，对人体各生理系统都有叙述。另一位传教士研究西药制造术，撰写《药露说》。

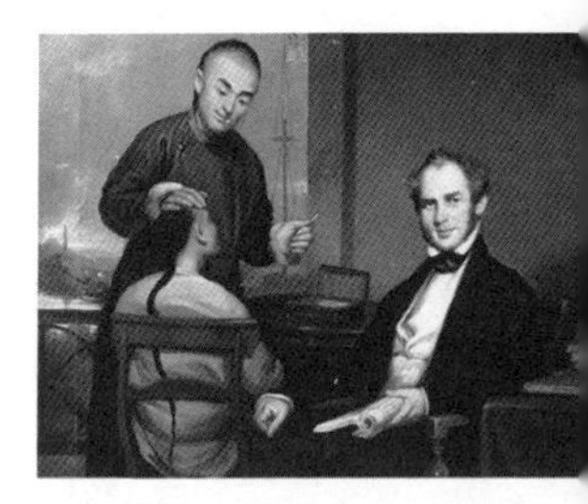

美国传教士伯驾（Dr. Peter Paker, 1804-1888）在广州开了一间药房，为中国人看病，这就是博济医院的雏形

进入 19 世纪后，基督教伴随资本主义殖民势力扩张，随后传入中国，传教士们也继承了这一施医散药的办法。近代的中国教会医院起源于美国公理会传教医师伯驾 1835 年 11 月 4 日在广州新豆栏街创办的眼科医局，开设后头三个月内就诊病人达 1195 人。作为中国第一所教会医院，颇有代表意义，学界对其也有所探究。学者宋之琪在其文章《中国最早的教会医院——博济医院》中对该医院 100 多年的历史进行了回顾，认为它在介绍西医科学，培养西方医学人才及医院管理方面有众多功劳，对近代中国特别是华南地区的医疗事业产生了重要影响。美国传教士伯驾在获得耶鲁大学医学和神学博士学位及医生资质后，1834 年 6 月 4 日搭乘“马礼逊”号船从美国纽约辗转东来，耗时 143 天抵达澳门，成为近代中国基督教从事医药传教的首位牧师，第二年开办了中国第一个教会医院。当传教士伯驾为在澳门开办的第二家医院忙得焦头烂额时，英国传教士雒魏林成为他的得力医学助手，并有力地推进了西方医学的东进。

广州博济医院

东北鼠疫

东北鼠疫

1843 年英国传教会传教医师雒魏林向中华医药传道会提交的报告，称沪、甬两地是创办医院最理想的场所，为此他在同年 7 月先访问宁波，年底和翌年初两次赴沪考察，报伦敦传教会批准后，1844 年 2 月在小南门外一家中国民居开设“雒氏诊所”，成为上海最早的西式医院。雒魏林在回忆录中对这座以天井为候诊场地的小诊所印象很深，尽管条件简陋，但前来就诊的穷苦民众纷至沓来。

1844 年 7 月 3 日，中美签订了《望厦条约》，其中第十七条规定外国人可以在五口通商处设立医院，后《中法黄埔条约》第二十二条中也允许法国人在通商口岸设立医院。自 1835 年开始，西方医学医药事业不断扩大，成为在华基督教仅次于布道和教育事业的第三个主要活动领域。1838 年广东医学传教会就提出其目标：鼓励西方医学在中国的发展，扩大西方在华的利益，用西方医学培养年青人等。

到 1905 年，据统计在中国的传教士医生有 301 人，教会医院有 166 所，诊所有 241 所。而到了 1936 年医生达到 662 人，医院 308 所，床位数 21658 张，诊所 620 所。西医的医护人员及医院等各项指标都在世界各传教地区占到了相当高的比例。

中国西医医学的发展转折点发生在 20 世纪初期。1910 年，满洲地区发生了严重的鼠疫，清政府迫于国际压力，启用西医医生应对，从此西医医生才正式获得官方的认可和支持。这一事件的结果将中国的西医医生推到了舞台的前面，从此西医不但取代了太医院在中国医学领域的权威地位，还开始扭转了国外传教医师主导中国西医医学界的局面，使中国的医学结构发生了根本性的变化。

在上海地区，自从上海开埠后西医东渐，出现了不少传教士医师来沪办医，以医来促进宗教事业的发展。所以也可以说西方医院在中国的兴起由传教士施医散药来引人入教开始。道光二十四年(1844 年)，来自英国的基督教传教士洛克哈脱(William Lockhart)来到上海并创办上海首家西医医院 — 中国医院（即如今的仁济医院）。之后相继有各国传教士来到上海创办西医医院，如公济医院、同仁医院、西门妇孺医院、广慈医院等教会医院。后有国人创办的西医医院，如上海医院、中国红十字会总医院、中山医院等。另有外国友人和工部局创办的宝隆医院、福民医院等。

早期的西医建筑以中式民居为主，如最初设址在上海东大门的仁济医院等。移植时期的西方医疗建筑也具有以下几个建筑特征：建筑设计具有明显的前现代主义特点；在建筑平面布局中一种是吸取了南丁格尔式医院建筑特点，以大病房进行布局如广慈医院，而另一种是采用西方多层中廊式居住建筑的布局如上海虹桥疗养院。

光绪六年(1880 年)，圣约翰书院增设西医科，为上海近代医学堂之鼻祖。光绪十二年（1886 年），中国博医会成立。至宣统二年，上海共计医院 19 所，床位共 2100 多张，占全国医院总数的 8.4%。光绪二十九年至宣统二年，相继有医学会、上海万国红十字会、中国医学会等学会成立。医学学术团体的成立，促进了西方近代医学在上海的发展。

20 世记 30 年代前，随着外国教会在中国影响的扩大，教会慈善事业和医疗机构快速成长，从沿海发展到内地。上海从开埠后到 1930 年前后，从江南名邑发展为国际大都市，外国投资家、冒险家和中国官僚地主阶级、民族资产阶级都利用上海这块“国中之国”的独特资源，建造码头、工厂、仓库，使上海周边大批农村农民进城转变为劳工，上海人口不断激增。资本的积累一轮又一轮推进上海城市建设，繁荣了商业和文化，吸引着越来越多中外人士往上海城里挤。各个层次的城市人口的集聚，都需要医疗保障身体健康，于是各层次医疗机构也随之涌现。

各地早期的医疗机构

成立时间	城市	医院名称	创办人	创办机构
1827 年	澳门	眼科医院	马礼逊、李文斯敦	东印度公司
1843 年	广州	博济医院	伯驾	美国公理会
1843 年	宁波	华美医院	马高温	美国基督教浸礼会
1844 年	上海	仁济医馆	威廉 · 洛克哈脱	英国伦敦会
1864 年	上海	公济医院	奥地利公主赫海伦	
1882 年	沈阳	盛京医科大学		英国苏格兰教会
1883 年		博习医院		美国基督教监理公会

1887年	江苏淮安	仁慈医院	赛兆祥和林嘉善	美国南长老会
1892年	南京	马林医院	加拿大传教士林博士	
1898年	广州	惠爱医院	美国传教士嘉约翰	美国基督会
1899年	哈尔滨	东省铁路中央医院		中东铁路工程局
1900年	扬州	浸会医院	伊文思	美国浸信会
1902年	衡阳	衡阳仁济医院		基督教英国伦敦会
1904年	雅安	仁德医院	柯理思	美国基督教会
1905年	广州长堤	中法韬美医院		
1906年		雅礼医院	胡美	耶鲁大学雅礼差会
1906年	北京	协和医学堂		伦敦会
1907年	上海	广济医院		法国天主教会
1910年	绍兴	福康医院	美国传教士高福林	美国基督会
1922年	天津	方济会圣心医院		意大利天主教方济会
1922年	香港	赞育医院		伦敦会

上海近代西医医院

开办年月	创办人或机构	创办时院名	曾用院名	现院名	现院址
1844年	英国传教士威廉·洛克哈脱	仁济医院	麦家圈医院、第二医学院附属第三人民医院、工农兵医院	交通大学附属仁济医院	山东中路145号
1864年	天主教江南教会	General Hospital	公济医院	交通大学附属第一人民医院	海宁路100号
1866年	美国圣公会所办教会医院	同仁医局	东方医院	同仁医院	愚园路728号
1885年	基督教会/美国妇女布道会威廉逊夫人捐建	威廉逊医院	西门妇孺医院、红房子医院	复旦医学院附属妇产科医院	方斜路419号
1901年	德国医生宝隆(Dr.Erich Paulun)	同济医院	宝隆医院、中美医院同济大学医学院附属中美医院	第二军医大学附属长征医院	凤阳路
1903年	美国圣公会创办	宏仁医院		胸科医院	北京西路361号
1904年	工部局	西人隔离医院	第二医学院附属第六人民医院,	交通大学附属儿童医院	北京西路1400弄
1907年	法国天主教会	广慈医院	圣玛利亚医院	交通大学附属瑞金医院5号8号楼	瑞金二路179号
1907年	沈敦和	中国红十字会总院	第一医学院附属华山医院	复旦大学附属华山医院10号楼	乌鲁木齐中路12号
1921年	一位不留名的英商捐建	宏恩医院		复旦大学附属华东医院1号楼	延安西路17号
1923年	俞松筠	中德医院		妇婴保健院	延安中路393号
1926年	美国基督复临安息日会传教士米勒耳	上海卫生疗养院	济民医院	中国人民解放军第455医院	哈密路1713号
1929年	上海特别市党部将收缴的“反日救国基金”所建，原工部局	劳工医院	寿民医院、市立特区医院、第一劳工医院	静安区中心医院	西康路259号

1930年	不详	犹太人医院	第一医学院附属上海眼耳鼻喉科医院	复旦大学附属上海眼耳鼻喉科医院	汾阳路83号10号楼
1931年	中国首位留美医学博士颜福庆	国立上海医学院	第一医学院附属中山医院	复旦大学附属中山医院3、8号楼	枫林路180号
1932年	上海公共租界工部局	巡捕医院	虹口区中心医院	上海中西医结合医院	保定路230号
1933年	颜福庆	澄衷医院	国立上海医学院实习医院	同济医学院附属上海市肺科医院	政民路511号
1934年	英国侨民约瑟夫兄弟	虹桥疗养院		徐汇区中心医院	淮海中路966号
1935年	不详	普慈疗养院	上海市精神病防治院	上海交大附属上海市精神卫生中心	沪闵路3210号
1935年	不详	私立妇孺医院	长宁区妇产科医院	真爱女子医院	延安西路934号

第三节 教会、公立、私立医院三足鼎立局面

1900年到1949年，教会、公立、私立医院三足鼎力的局面已经形成，特别是抗战胜利后市立综合性和专科医院初具规模。1915年，传教士医生总数达到430人，中国医生增加了两倍，开始超过了国外医生的数量，这表明外国传教士医生已经不再是教会医疗事业的唯一力量。此时进入教会医院的中国职工中有包括非基督徒，反映出教会医院的宗教氛围逐渐淡化，并开始在中国的土地上扎根，演变为中国人的医学事业，进而融入中国社会。

教会等西医医院，包括基督教教会医院，天主教教会医院，外国人创办的医院以及原来租界工部局管理的医院。教会医院因宗教教义而设，具有较浓厚的慈善性质，从教会医院的命名中可以有明显地反映慈善性质的名称，比如医院会用慈善、仁爱等命名，例如仁济医院、同仁医院、博爱医院、公济医院等。教会医院设立之初一般都实行慈善医疗，如免费就诊免费施药等，还有给一些贫困患者提供免费食物和住宿。如广州的伯驾眼科医院在给患者免费治疗的同事，还给贫困的患者提供饮食，等痊愈后回家。故有国人称赞伯驾“且出己资周孤贫，劳心博爱日不懈”。上海的仁济医院“莫不竭尽心力，施医送药不惜工本，具见西医之仁心可嘉”，其医生“艺术之精，存心之厚，不愧仁济”。1860年开始，教会医院完全免费的制度发生了改变，开始施行收费制度。有的教会医院为了吸引上等社会的中国人来医院治疗，开办了收取较高费用的高级病房或私

19 世纪 30 年代的上海

人病房。然而，并不是所有的教会医院都施行收费制度，收费与否取决于教会医院的资金来源。在 19 世纪末 20 世纪初，仍然有教会医院施行免费的施予诊疗与药物。然而进入 20 世纪，几乎没有教会医院能够施行完全免费的制度，但这并不意味着教会医院的慈善性质的丧失。

近代中国医院的构成结构除了主要的教会医院外，还有一些政府创办的医院及爱国人士创办的医疗机构。民国十六年七月九日，上海特别市政府卫生局成立，旋即改称为上海特别市卫生局、上海市卫生局。此时华界政令逐渐统一，社会相对稳定。到民国二十四年，当时政府在江湾地区建立了“上海市立医院”，在公共租界新建宏恩医院、雷士德医学研究院，法租界新建公董局施诊所、卫生试验所（巴斯德医学研究所前身）等机构。到民国二十五年，上海市的医院机构发展至 108 所，占全国医院总数 5.9%，床位共有 9000 多张。其中公立、市立医院有 10 所，工部局办医院有 7 所，教会办医院有 16 所，私立医院有 74 所，已包括广益中医院、四明医院等 5 所中医医院在内。此时上海的高等医学院校发展到 18 所，占全国医学院校总数 23.1%，其中国立医学院 2 所，教会办医学院 3 所，私立医学院 13 所，包括上海中医学院、中国医学院、新中国医学院 3 所中医学院在内。同时医药团体发展到 52 个，其中有中华医学会、中华麻

19 世纪 30 年代的上海

风救济会、中国防痨协会、中华护士学会、中华民国药学会、全国医师联合会等团体的总部都设在上海。这个时期上海卫生技术队伍迅速成长，各地名医、归国医学生汇集上海。西学医生增至4000人，中华医学会有2800多名会员，其中上海会员有768人，占所有会员的27.4%，当时上海医学医技力量之雄厚列居全国之首。

民国二十六年八一三事变，日军进攻上海，上海市卫生局被迫停止工作。上海市立医院、中山医院、同仁医院、西门妇孺医院等医院被迫关闭，或迁入租界，或搬迁至内地，导致上海的卫生事业受到严重的破坏。民国三十二年，汪伪政府接管租界，原有的工部局卫生处、公董局公共卫生救济处解体，并分别改建公署卫生处，后又并入伪市卫生局。到此，教会、公立、私立医院"三足鼎立"的局面宣告结束。

上海解放前夕，全市共有公立医院28所，私立医院125所，区卫生事务所23所，工厂医务室143所，私人诊所6000多所，专科防治所3所，其他公共卫生事业机构14所；医院病床数10033张，每千人口拥有病床数为1.99张，中西医医生共1.6万人。

第四节 新中国医疗事业发展

1949年5月28日，上海市军事管制委员会卫生处先后接管市卫生局、区卫生事务所、各市立公立医院及其他有关医药卫生单位。同年6月10日，市人民政府卫生局成立，又陆续接办澄衷肺病疗养

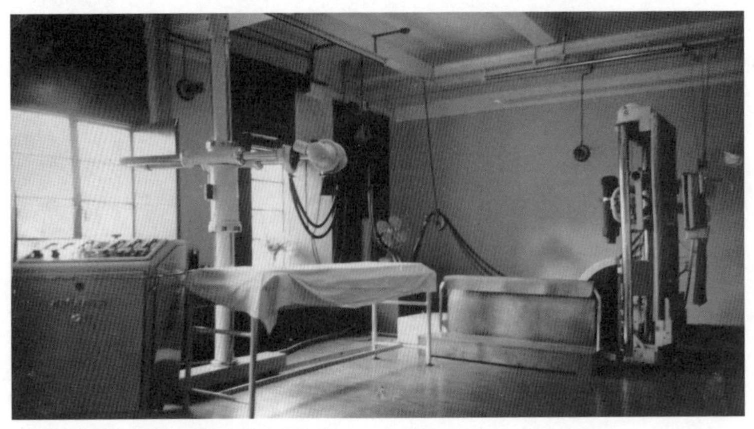

建筑工人职工医院X光透视和治疗设备

院、四明医院等 8 所社团办医院，并接办或征用伯特利、圣心、广慈、普慈等 18 所外资津贴医院和私立护（产）校，鼓励私人诊所在自愿基础上组成联合机构。到 1955 年底，全市仍有私立医院 60 所，一直到 1956 年 2 月全部改为公立。

在医疗体系方面，新中国建立后，医学事业的发展也摒弃了旧中国在社会体制方面的弊端。然而在新政权和复杂的国际国内环境下，西方社会的文化经济封锁，国家百废待兴，中国走了一条独特的社会主义道路。在这些内部外部环境下，中国学习和借鉴了一条道路，那就是苏联模式。在医药卫生科技发展规划的制定方面也套用了计划经济的模式，如《1956—1967 年科学技术发展规划—医学科学》和《1963—1973 年医学科学技术发展规划》的制定，也充分体现了计划经济的指导思想与理念。

新中国新建医院的建筑风格也贯彻了实用经济原则，外貌朴素，功能实用。到 1966 年，医院总数达 346 所，医院床位数 33381 张。新建市级医院有新华医院、龙华医院、肿瘤医院、儿科医院和精神病防治总院等，区县级中心医院有普陀、闸北、闵行、南汇、青浦等医院。扩建中心医院有吴淞、金山、奉贤、崇明等医院，基本上

解放后新建的建筑工人职工医院

改变了解放前遗留下来医院资源分配不合理的现象。不仅在过去没有医疗机构的地区新建了150~300张床位的综合性医院，并在各个工人新村内建立了诊疗所。1958年还建立了乡村医院，1954年新建了专业性中医医院。新建的医院建筑风格基本体现了社会主义医疗机构的特性，为广大劳动人民服务，并且病房不分等级，一般病房放置三到六个床位。医院地址的选择也充分注意到为生产服务，为劳动人民服务的特点。医院建筑密切结合先进的医疗技术和医疗制度，以提高医疗质量。

目前上海的医院数目可达千计，按医院规模可以分为三级甲等、三级乙等、二级甲等、三级等；按行政归属和所有制分类，可以分为大专院校包括部队医学院附属医院、有市区卫生局隶属的市、区级医院、社区地段卫生中心和南京军区、警备区所属医院；按专业分，有肺科、儿科、整容、皮肤、五官科、妇科、胸科、肿瘤、牙科、眼科、精神卫生等专科医院；有按众多行业与企业所办医院，如电力、邮电、公用事业、铁路、宝钢医院；还有西医、中医、中西医结合医院等区分。

上海有些医院如岳阳医院原址在岳阳路45号，原来是私人花园改造的上海中医大学附属医院，随着中医事业发展，选址虹口大柏树为医院新址，占地61亩，建筑面积3.6万平方米，病房楼设病床500张，门诊楼4层。是上海解放后新建的规模较大医院。

上海现代医院的演变：

附属机构	医院级别	创办年份	创办机构	原院名	现院名
上海交通大学附属	三级甲等	1844	伦敦会	中国人医院	仁济医院
		1864	天主教	公济医院	第一人民医院
		1866	美国圣公会	同仁医院	胸科医院
		1901	美国圣公会	广仁医院	胸科医院
		1904	工部局	西人隔离医院	第六人民医院
		1907	天主教	广慈医院	瑞金医院
		1920	伯特利教会	伯特利医院	第九人民医院
		1937		难童医院	儿童医院
		1958			新华医院
		1998			儿童医学中心

	三级乙等	1980	宝钢集团	宝钢医院	第三人民医院
复旦大学附属	三级甲等	1907	中国红十字会	中国红十字会总医院	华山医院
		1921	工部局	宏恩医院	华东医院
		1937	国立上海医学院		中山医院
		1884	美国妇女布道会	西门妇孺医院	妇产科医院
		1884	美国妇女布道会	西门妇孺医院	儿科医院
		1952		犹太人医院	眼耳鼻喉科医院
		1931	方济各会	中比镭锭治疗院	肿瘤医院
		1914		市传染病医院	公共卫生临床中心
	三级乙等	1904	工部局	西人隔离医院	第五人民医院
		1975	上海石化	上海石化总厂职工医院	金山医院
同济大学医学院附属	三级甲等	1910	沪宁铁路局	沪宁铁路医院	第十人民医院
					同济医院
		1920			东方医院
		1933	国立上海医学院	澄衷肺病疗养院	肺科医院
					口腔医院
		1947			第一妇婴保健院
上海中医药大学附属	三级甲等				龙华医院
					曙光医院
					岳阳医院
					中医医院
	三级乙等				普陀医院
第二军医大学附属	三级甲等	1949			长海医院
		1955			长征医院
		1993			东方肝胆外科医院
上海市公安局下属					公安医院
					安康医院
					上海市公安消防总队医院
上海市司法局下属					上海市监狱总医院
由外包科室的部队医院					455 医院
					武警上海总队医院

第二章 上海近代医院文化人物

第一节 著名上海医院外国创办人传奇

仁济医院英国传教士威廉·洛克哈脱

威廉·洛克哈脱（William Lockhart；（1811−1896），又名洛颉，又名六吉，出生在英国的利物浦，他有一个中文名叫雒魏林。洛克哈脱先生早年曾在伦敦盖氏医院担任外科及眼科医生，并为英国皇家外科学会会员。道光十九年，即 1838 年，洛克哈脱受英国基督教伦敦布道会指派到访东方古老的国家——中国。该年的 7 月，他就同他的家眷，启程并离开他的家乡英国，大约在同年十一月中旬，他同他的家眷抵达巴达维亚。终于在次年的 1839 年，洛克哈脱先生及其家眷来到中国，首先抵达广州。来到中国后，他先加入中华医学传道会，并曾先后往返于澳门、香港等地传教施医。作为伯驾的重要助手，他先承担澳门医院的主持工作，然而此时正逢林则徐查办禁烟，西方传教士不得立足广州。1839 年到 1840 年，洛克哈脱不得不远避南洋。后回到中国创办了广东眼科医院。在当时的社会，传统医学落后，而眼科是最能体现宗教奇迹，同时也最安全，所以许多教会最早办的多是眼科医院。鸦片战争后，洛克哈脱先生随英军来到香港，并创建了后来著名的香港 Nehersole 医院。此时由于中英《南京条约》的签订，中国沿海开放五口通商，洛克哈脱又辗转到另一个国际型大都市——上海。大约在 1843 年 11 月 5 日，洛克哈脱来到了上海，并开始行医治病，他主治眼科。1844 年 2 月，为改善上海的卫生治疗条件，洛克哈脱先生于老城东门外 (Nan Tao) 创办上海第一家西医医院——中国人医院（或译华人医院，为仁济医院前身），任该院院长，主掌院务十余年。

威廉·洛克哈脱

威廉·洛克哈脱及其家人

威廉·洛克哈脱 William Lockhart 1811-1896

洛克哈脱在上海行医之时，医术高明，仁爱人心，求诊者络绎不绝。在当时，中国人医院不但诊治病人，还开设粥厂救济饥民，1852年间曾施粥济民长达10周。1857年12月左右，咯克哈脱离开上海，返回英国，并当选为英国皇家外科医学院院士。1861年，洛克哈脱先生又计划在北京开创医疗事业，后其离开英国返回了中国。同年10月份，在洛克哈脱来到北京后的第三个星期，在英国使馆旁购得一房屋，作为医院使用，这便是北京著名的医院——协和医院的前身。1873年的《申报》有所记载："京都有西人设立医院一所，用以救济疾苦之人，意之善也。据云去夏至今一周年中共医有九千六百十八人，可见华人亦皆信其术精胜矣，故显宦贵官亦均有来就医者云。"

1864年4月，咯克哈脱离华回英，于1896年逝世，享年85岁，其著有遗作《在华之教会医师——二十年经验之叙述》*(The Medicine Missionary in China　A Narrative of Twenty Years' Experience 1861)* 一书，为近代中国西医学发展历史上不可多得的医学史料。

同济医院创办者德国人埃里希·宝隆

埃里希·宝隆（Paulun Erich；1862-1909），德国人，他于1862年3月4日诞生在德国东北部小镇帕泽瓦克，从小宝隆就随父母信奉基督教新教，然而宝隆先生有个不幸的同年，早年其父母双双得了肺结核病去世，年幼的宝隆只好由亲戚抚养。少年宝隆立志学医，他于1882年10月被在基尔的皇家弗里德里希－威廉医学外科研究所录取，接受上等的医学教育。与此同时，宝隆也加入德国军队，在1883年，他在恺撒·亚历山大卫队第1步兵团第5连服役，并且在1893年先后在在皇家海军狼号、伊尔梯斯号炮舰上任上尉军医。

宝隆7岁照

在伊尔梯斯号服役期间，宝隆先生长期在东亚水域活动，负责军医事务。1891年，宝隆随德国海军来到上海，这是宝隆先生第一次来到这座远东的大城市。然而当时上海卫生条件简陋，而正流行着霍乱、伤寒、疟疾等疾病，患者往往缺医少药，得不到应有的治疗。

宝隆就读的小学位于教堂的右侧

宝隆对上海当时的医疗环境之落后感到震惊，决定离开海军来上海行医开设诊所。在萌生了这样的想法之后，宝隆结识了在上海开诊所的德国医生卡尔·策德里乌斯，两人促膝长谈，共同有改善上海卫生环境的意愿，并且与其提出了在上海建立一所给中国人治病的医院的想法。回到德国后，宝隆从海军退役后，在德国两所医院工作，实践医务操作，与此同时也开始筹备在上海开设医院的资金。

1895 年，宝隆再次来到上海，先在之前结识的德国医生卡尔·策德里乌斯的诊所里当助手，并同时积极筹办上海医院等事宜。终于在 1899 年，宝隆以德医公会的名义开始筹备一所诊治中国病人的医院，并且同时得到了德国驻沪总领事的支持，将医院选址在当时白克路（今凤阳路），医院取名为同济医院，该名字源自“同舟共济”，同时也与 Deutsch“德国的”发音类似。宝隆先生担任同济医院的院长。同济医院开业初始对中国患者不收取诊费，整个医院的经营费用主要来源于中国政府每年拨给的 500 两白银。之后德国政府及民间组织捐助 120 万马克，以建造医院房屋并设置了 12 个病房。到了 1902 年，通过各方的资助，宝隆在同济医院所在地重新盖了一栋三

埃里希·宝隆

埃里希·宝隆

层砖砌结构大楼，底层为门诊部，二楼三楼为病房。

1900 年，德国医生卡尔·策德里乌斯逝世后不久，宝隆先生开始在同济医院建立后筹备一个医学院，专门培养中国的医生。之后他结识了德国医生奥斯卡·福沙伯 (Schab Oscar von)，并与其组成了上海德医公会。到 1907 年，宝隆先生创立的上海德文医学堂建立，次年改名为同济德文医学堂，之后演变为如今的同济大学。

在上海期间，宝隆先生共生育 5 个子女。后因不幸感染上伤寒并发肾出血，于 1909 年在上海去世。宝隆先生病逝后，医院为了纪念这位院长，医院将院名同济医院（Tung-Chi-Hospital）改名为宝隆医院（Paulun-Hospital），宝隆医院之后逐渐发展成同济大学附属同济医院，1955 年同济医院随同济大学医学院迁往武汉，成为现在的华中科技大学同济医学院附属同济医院。

宝隆先生将其大多的生命与精力投入在上海的医学卫生事业中，得到了各方人士的尊敬与推崇。1909 年 3 月 7 日，宝隆先生安葬于上海教堂墓地。以下为 Tanne 神甫在宝隆博士葬礼上的讲话（摘录报道）：

他所做的事，大家一目了然。如果这几天人们手执德国的旗子来悼念他的逝世，这就做对了。尽管我们德意志民族失去了一位领导者和促进者，然而我们对此感到骄傲，我们也应该骄傲。住在上海的德国人非常感谢他。德国俱乐部、德国学校、特别是同济医学堂感谢他的创建，感谢他的大力支持。然而，这些都是他额外的事务。

伊尔梯斯 I 炮舰，右舷，宝隆于 1891-1893 年在此舰上任舰医

更有甚者，他的德国作风，德国精神，我们德意志民族的理念，在他身上表现得淋漓尽致，因而获得人们的尊敬。也说明了他毕生的行为态度是我们民族精神面貌的最好表现。他是属于老一代的德国人，他做的事业明显地多于诺言，我们看到的事实也多于言语和词汇。他的事业是严肃、优异、卓越工作的果实，是集中所有力量成就事业的成果。一次他跟我说，他的工作，并不单是使他的病人睡好觉、吃好饭和有舒适的生活，而是实践他的事业。他的工作，用一句话来说，就是履行自己的责任和义务。我认为在他身上显出德国人的性格：非常准确而认真的精神，一丝不苟的工作作风，全面彻底的作业态度。

但他从最后一次德国之行带回的却是人生的失望，因为他觉得这种精神在年轻一代大学生中几已丢失殆尽。而这种精神在他的青年时期（19 世纪 60~70 年代）确实是充满着生机与活力而到处存在的，我们的民族也正是由于这种古老而优秀的精神才得以脱颖而出，从低微的处境而取得今天的地位。存在于他身上的这种精神，即最敏锐的职业忠诚精神，促使他在生活上自我克制，在工作中自我献身，这使他迅速地消耗了他的生命。他无时无刻，不管气候如何变化，只要能够忍受得住，就致力于他的专业研究。他不分民族，不管是英国人、德国人、法国人或葡萄牙人、犹太人或中国人，只要去找他，他肯定会为他们做事：只要能做到的，他就去完成。不论地位高低，也不论贫富，只要是需要他的人，他都无区别地对待。他对所有的

宝隆先生与晚清政府官员

人都行善。人们也深深地感谢他，因为他为人们的健康做的事不计其数，他却不知疲倦，去帮助别人减轻痛苦。

从而，他实现了第一个义务，即我们伟大的诗人喻为尊贵人士的标志：尊贵的人，孜孜不倦地去创造对人们有用的事物和权利。或像耶稣说过的：在白天，在人们不能有所作为的黑夜来临之前，我必须工作和起作用。他做到了。他遵照俾斯麦的名言，像一匹高贵的马，工作到最后一息而死去。面临死亡，他感到悲痛和难以割舍的是，正当他的生命如日中天的时刻被夺走了他的时日。正如他过去说过的，为了工作，为了他和他周围人的幸福，他应该至少还要活二十年。

作为医生他已经是做到家了！他的成就，正是对成就一词最好的表达和诠释。病人们不止一次地、激动得不能自持地面对他，因为他的知识确实渊博，但他开辟的道路已到了尽头。Dr Paulun 还认识到，是人们所说的天赋帮助了他，就是说，好像从深不见底的幽暗的井穴里突然获得灵感、光明和办法而升上来一样，而这又是无人想到的或不敢想象的。

许多事情就类似这样几乎不可思议地出现了，甚至专业同道们也对此异常钦佩。这当中，他的想法与创意、他的思想，均立即得到实现。他的手似有神助，就像有一双看不见的手在引导着，使这双手准确无误地服从他的意志。对此，我们在上海肯定也曾感到过，因此我们也曾对自己说过，啊，宝隆医生在此。

与他的才能相结合的是一种难能可贵的品格。从外表看起来，他非常健康和有力量，精力充沛，而且极具灵活性。他热爱运动，因为他懂得只有具备强健的体魄才能完成艰巨的任务。为了使自己能完成任务且达到较高的水平，他的骑士般的勇敢精神发挥着作用。他常以必胜的信心和勇敢来影响尚躺卧在病床上的病人。精力充沛和天性的光华使他热爱一切，当他来到病室时，也散发出热力、生命力和阳光。他满怀信心的笑容、亲切和蔼的态度直接影响着和感染着病人，使他们能放心，得到安慰和舒适。他得到病人的信赖，使卧病在床的病人，身心都到强有力的支持。

还有更多的事可以介绍。就他之所以能赢得人们的好感，还在于他的同情心，当任何人与他接触时，都不会感到枯燥乏味，也不会感到这仅是一种手艺，也不仅仅单纯地当它是一种职业，金钱收入也不是他兴趣所在——这里是一种高尚的心灵，一种崇高的同情心，播散幸福与欢乐，是他的根本追求。

他的开朗性格，无可指责的精神面貌，没有染上一般的习性，胸襟宽阔。他的这些优点很容易把我们吸引住了向他靠近，而如今许多人却不深入，夸夸其谈，浮皮潦草，许多言行停留在表面。由于他是一位内心自由的人，因此他起着号召自由的作用，也由于他献上了自己的心，他也得到了大家的欢心。一句话，他爱别人，因此也受到人们的热爱。渐渐地我们了解他的性格本质。如果我对人们用三寸不烂之舌用天使般的语言花言巧语地说了一番，然而却没有真正的爱，那么我的这番话也只不过是好听的和发声的铃铛而已。Dr Paulun 有这种爱心，而你我却少有，他为别人得到幸福而高兴。从这一源头，所有已扭曲的行善者，因为他的好意而发生了转变。确实如此，如耶稣曾劝诫过的那样，已经发生了变化。他还善于交际，与左邻右舍都十分投契。某些病人，当战胜疾病后付不起费用且又需要必要的康复时，他不但不要他付钱，而且会用自己薪金向他提供康复所需的费用。他做这些事都是隐秘的，别人都不知情。今天，我们在这里与他告别时，基于对他爱心的尊敬，我们有光荣的义务，把这些事向公众宣布：他对穷苦人的这种悄悄的爱心和所做的善事，不是数以百计，而是数以千计……

第二节 著名上海近代医院中国创办人传奇

红十字会总医院创办者沈敦和

沈敦和（1866–1920），字仲礼，系浙江宁波人士，他出生于一个茶商世家。其家境富裕且勤奋好学，其在 1867 年左右留学于英国剑桥大学学习政治与法律。然而学业刚开展一年后，因奔父丧归国。回到国内后，沈敦和留在上海，担任“上海会审公堂谳员陈君之译员”，后有幸得到清末两江总督刘坤一赏识，进入仕途。20 世纪初，沈敦

沈敦和，中国红十字会创始人，上海红十字总医院（现华山医院）创办人

沈敦和

和担任上海记名海关道，办理洋务多年。1903 年开始，他开始转业从事企业与社会慈善活动。

1904 年初日俄战争在中国东北爆发，沈敦和为了救济水深火热中的东北同胞，拜访了其老朋友英国传教士李提摩太。李提摩太帮助其动用了他与英国、法国、德国、美国四国驻上海领事的人际关系，于 1904 年 3 月 10 日上海公共租界工部局，由中外五国代表中西合办了的“上海万国红十字支会”，这也标志着中国红十字会的诞生。会议中推举出 45 名中外董事，沈敦和出力最多，是 9 位具体负责办事董事中仅有的两位华人之一，并被推举为中方办事总董。时年 38 岁的沈敦和也因此被公认为“中国红十字会之父”。

沈敦和以救死扶伤、拯难济危作为己任。在中国东北日俄战争期间，他领导了上海万国红十字会组建的医疗队，派往战争区域救护伤兵难胞，并救出伤险者数十万人。宣统二年（1910 年），上海市公共租界发生鼠疫，工部局在源昌路、阿拉巴斯脱路（今曲阜路）、北山西路等地挨家挨户检查鼠疫，其后又公布检疫章程，引起居民不满与强烈抗议，酿成“检疫风潮”。得知事态严重后，沈敦和亲自去疫情发生地调查，筹款抚恤，联合各帮各业与工部局交涉并修改检疫章程，后又联系筹资在闸北创办中国公立医院，专门收治染疫华人，维护中国人在防疫工作中的主权。

20 世纪初期在战场上救护的红十字会工作人员

清末民国初，沈敦和主持中国红十字会长已经长达 16 年之久。在此期间先后创办并主持中国红十字会时疫医院等。1908 年，沈敦和利用上海万国红十字会余款，在上海徐家汇处购置土地近 11 亩，施工家住中国红十字会的总医院、学堂及会所，历时三年。1910 年 4 月，沈敦和共集资白银 536400 两，中国红十字会总医院（今上海复旦大学附属华山医院）及其附设医学堂在上海徐家汇竣工，为西式建筑，成为上海第一家由中国人创办的医院。

沈敦和服务精神和卓越贡献，深为当时沪上中外人士所敬重。民国建立后，当时上海政府特授予沈敦和先生三等文虎章。

国立上海医学院创办者颜福庆

颜福庆（1882—1970），字克卿，江苏宝山县江湾镇（今上海市虹口区江湾镇街道）人。颜福庆先生幼年丧父，7 岁起由其伯父，上海著名的圣约翰大学创办人颜永京先生抚养。后就读于上海圣约翰中学和圣约翰大学医学院。

颜福庆 1904 年于上海圣约翰大学医学院毕业后，他远赴南非，为金矿的中国矿工治病。在南非执医的这段经历，让他感受到尽管在上海圣约翰大学医学院专科学校三年的教育中学习到的西方医学诊断和治疗技术仍然与其救治民众的远大理想相去甚远，于是他作出了其人生中的一个非常重大决定：1906 年去美国的耶鲁大学攻读医学博士学位。

在耶鲁的四年是颜福庆度过的最清苦的日子，因为高额的医学院学费，颜福庆不得不勤工俭学来资助学费与生活费。通过努力，他成为耶鲁大学第一个获得医学博士学位的亚洲人。与此同时，由三位耶鲁毕业生发起了“雅礼中国（Yale—in—China)”的组织，该组织本着到中国内地传播医学和教育的科学知识的初衷吸引了颜福庆。同时，“雅礼中国”也选择了颜福庆作为雅礼会的最佳人选，后委派其到湖南参与执行“雅礼中国计划”，创建医学院并推广医学教育。

求学期间的颜福庆

1910 年，颜福庆结束了耶鲁生活回到中国，来到湖南湘雅，与

中年颜福庆

胡美等一同创办了湖南湘雅医学院并出任第一任院长。该医学院是他人生中第一所亦是中国第一所中外合作的医学院，并逐渐成为中国内地最大最有实力的医学院，并之后享有“北有协和，南有湘雅”的美誉。对颜福庆而言，湘雅医学院的成功确立了其在以西方人为主的中国医学界的地位，为其在后来的中国独立的医学事业的建筑中蓄积了经验与人脉。在创办湘雅医学院的过程中，颜福庆就形成了独立医学的思想：“西医发达日见成效，使我国多数人得西医之真传，知博爱之感化，如吾人有独办之能力，即脱离（教会）关系，任我国人独办之。”

在医学学会发展上，颜福庆也积极投入其中。在中国近代医学史上，最早的西医医师团体是由在华的欧美教会医院于1886年在上海成立的中国博医会（The China Missionary Medical Association，1925年改称The China Medical Association），在相当长的一段时间中是不允许中国医师的加入，一直到1910年2月才录取留美归国的颜福庆博士成为该会的第一个正式成员。1911年辛亥革命后才允许我国从国外学成归国的西医医师参加，但人数颇少。为顺应时代的需要，1915年2月，颜福庆与好友伍连德在上海创办了中华医学会（Chinese Medical Association）并担任第一任会长。该医学会以促进中国西医医生团结与友谊为首要宗旨，由中国医生承担其医学传播的责任，呼唤大众对公共卫生和预防医学的兴趣。中华医学会成立后立即受到全国广大医生的欢迎，并于1932年一举合并了中国博医会，成为当时中国医学界的真正代表。至1949年上海解放，学会共有会员4000余人，先后出版定期刊物六种，分别为

老年颜福庆

颜福庆与胡美等人

1956年1月毛泽东主席接见并宴请湘雅医院首任校长颜福庆博士

中英文版《中华医学杂志》、《中华健康杂志》、《医史杂志》、《医文摘要》和《近代医学丛书》，并曾出版《中国医界指南》及各种医学书籍60余种。

复旦大学医学院中的颜福庆塑像

1932年，颜福庆在上海成立了国立上海医学院，并借鉴美国约翰·霍普金斯医学院的医学教育为范本，创建了现代化医学模型，以上海医学院为中心，由中山医院、教学医院、药学院、护士学校和公共卫生学院组成的上海医事中心。颜福庆在实践中深刻体会到个人魅力和合作精神的价值和影响力，并运用到创建医学院和医学事业中心的进程中。其和中国红十字会负责人颜惠庆合作将上海红十字会医院提供给医学院充任教学医院，又与圣约翰大学校友叶子衡合作，捐出叶家花园，改建为上海第一所肺结核医疗院“澄衷肺病疗养院”。

如果说上海医学院与医院的设计是颜福庆对现代西方医学模式的一种阐释，而在公共卫生学科的建设上体现了颜福庆在学科建设上前瞻性的眼光。颜福庆亲自组建公共卫生学科，并兼职于公共卫生学教学，其对中国公共卫生事业的发展有一种发自内心的责任感和使命感，同时更好地推动了中国卫生事业的发展。

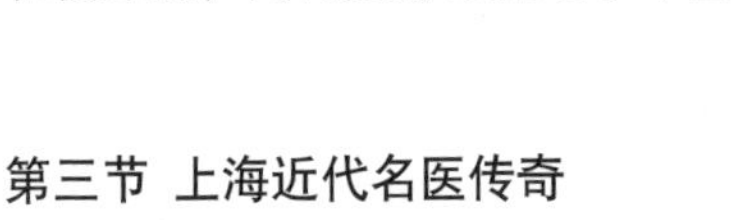

第三节 上海近代名医传奇

外科骨科专家牛惠霖、牛惠生

牛氏兄弟为近代上海的名医，其父亲牛尚周是清政府1872年官派第一批留美幼童之一。牛尚周早在美国留学期间，即与宋耀如交往甚密，并撮合了中国近代史中伟大的婚事： 宋耀如与倪桂珍结合。宋倪夫妇生下了近代历史中六位重要人物：宋霭龄、宋庆龄、宋子文、宋美龄、宋子良、宋子安。牛尚周曾经想当一个为病人祛病除痛的医生，而这一理想在他的两个儿子牛惠霖和牛惠生身上实现。

牛惠霖（1887 ~ 1937）

牛惠霖（1887–1937），上海人，1907年毕业于上海圣约翰大学医学部，后赴英国剑桥大学深造，获医学博士学位，为英国皇家外科学会会员，任伦敦医院主任医师。在第一次世界大战期间，大多数英国医生应征赴前线，牛惠霖留在伦敦，担当叶普斯惠区医院和

牛惠生（1892 ~ 1937）

密他瑟斯医院重伤兵的主治医生及外科手术主任，抢救治疗英军的伤病员。1918 年，父亲牛尚周去世，1919 年牛惠霖回到国内，并任仁济医院副院长兼外科主任，后被中国红十字会总会聘为上海红十字会总医院院长。

牛惠生（1892–1937），上海人，1910 年毕业于上海圣约翰大学获文学士学位，后赴美国哈佛大学医学院深造，于 1914 年获得医学博士学位。在留美期间，年仅 20 岁的牛惠生在美国波士顿一贫民区里为一名犹太妇女接生，后来这名妇女因感激，为孩子取名为“惠生”。1915 年牛惠生归国，于上海哈佛医学校任解剖学讲师。1916 年重新远赴美国，1918 年回国，主持北京协和医院骨科工作。1920 年返回上海开业行医，历任上海红十字会医院总办、中国红十字会总医院外科主任，上海圣约翰大学医学院及沪江女子医学院教授。

1920 年，牛惠霖和牛惠生在祁齐路（今岳阳路 190 号）开设霖生医院。在霖生医院，有些患者委托宋庆龄夫人介绍，兄弟二人总是尽心照顾。1928 年，兄弟俩在枫林桥旁（今徐汇区跨越肇嘉浜）又创办上海骨科医院，成为中国最早的骨科医院。

“一·二八”淞沪战争爆发后，牛氏俩兄弟在上海、苏州等地伤兵医院参加救援工作，当时的霖生医院也改为了难民医院。牛惠

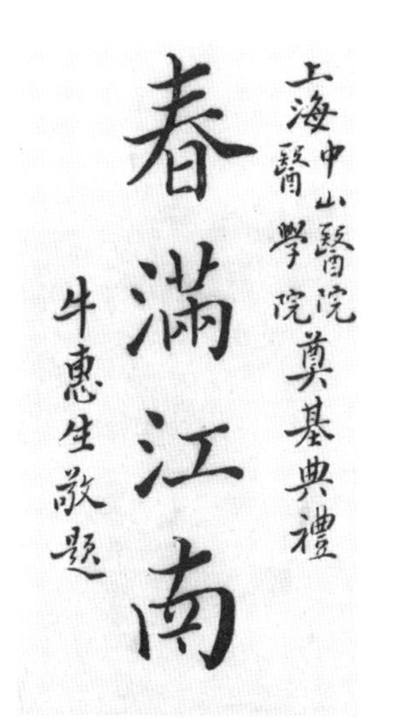

牛惠生作为中山医院首任院长为医院奠基题词

位于西藏路的时疫医院

霖担任上海地方协会救护伤兵第一医院院长。“八一三”事变，牛惠霖身患重病，身处嘉兴，仍不顾病情立刻回到上海参与救护伤兵的调度工作，于上海沦陷后10月20日去世，享年不到50岁。

同年4月1日，上海中山医院正式开业，牛惠生担任中山医院第一任院长，但此时他已身染白喉和肾炎。5月4日，牛惠生病逝，年仅45岁。其遗嘱中有文：“所用棺木绝不可逾四百元。余生平用血汗所换得之金钱应用于有益社会人群之事业，不当抛掷于无用之地。”

牛氏俩兄弟曾担任各大医院院长，如中山医院、中国红十字会总医院、西藏路时疫医院院长，也是上海圣约翰大学教授。牛惠生曾任中华医学会第五届会长，他俩对中国医疗卫生事业贡献甚多，被誉为“中国医界之柱石”。

我国儿科医学先驱高镜朗

高镜朗，江西上饶章镇人，1892年出生于一个塾师家庭。其4岁入私塾，并由族人的资助，进入嘉兴美国基督教会办的桐乡文艺学堂就学，并先后就读于嘉兴秀州书院，杭州之江大学、南京金陵大学、山东齐鲁大学。1915年高先生入湖南湘雅医学院攻读西洋医学，并于1921年获得医学博士学位毕业，后留校任内科助教。

1923年，高镜朗先生来到上海，与湖南湘雅医学院同仁颜福庆一同创办国立上海医学院，并任教授、儿科主任，主持儿科教育，兼职附属护士学校校长。1928年，高先生因公费派送至美国留学，入哈佛大学公共卫生学院及哈佛大学儿科医院进修儿科，并先后到纽约肺病研究所、法国巴黎巴斯德研究院、法国杜式道夫传染病院、德国柏林医科大学儿科医院、奥地利维也纳儿童结核病院、瑞士苏黎州儿科医院学习考察。

在海外游学5年后，高镜郎先生满怀创建中国儿科事业之大志回到祖国，并开设了上海最早的儿童专科医院—— 福幼医院。然而时局的不稳定，加之日本帝国主义发起的侵华战争，终止了他为祖国创建儿童医学事业的梦想脚步，直至抗日战争胜利后，高先生才

高镜朗

上海儿童医学中心高镜朗先生铜像（2015年拍摄）

原上海第二医学院儿科病房大楼

重新挂牌行医，为广大的上海市民服务。

解放后，高镜朗先生于1952年协助筹建了上海第二医学院（上海交通大学医学院前身），于1958年协助筹建上海新华医院。1952年，高先生任广慈医院儿科主任。1954年，其被聘为上海第二医学院儿科系主任。1958年成立了上海儿科医学研究所，并任所长。在20世纪40年代末、50年代初，上海市民家庭凡是有幼童生病，都会以请高先生诊治为上，甚至有“经高医师诊治后才可放心”的赞语。

高镜朗先生不单是新中国儿科医学教育事业的泰斗，他博览中外医学文献，将中医理论与现代西医医学两者结合，是最早研究中西医结合的学者之一。其代表作有《古代小儿疾病新论》、《儿科小全》、《儿科液体疗法》等，在国内外有很大影响。他还翻译了《儿童传染病学》、《麻醉学》、《英国药剂》等大量的国外医学专著。

在学会活动中，高镜朗先生是中华医学会儿科学会的发起人之一，被誉为中国儿科医学界的一代宗师。在20个世纪50年代，国内医学界便有“南高（镜朗）、北诸（福棠）”之说。

在高镜朗先生的晚年，他又于1983年捐资创办了《临床儿科杂志》，在国内率先确立了儿科医教研完整体系。高先生因病仙逝后，捐出积蓄8万元设立了“高镜朗基金会”，定期奖励有贡献的儿科医疗工作者。

我国齿科奠基人司徒博

司徒博，广州恩平人，于1889年生。辛亥革命之前，司徒医生在广州行医，后举家迁至上海开业，曾设诊所于北四川路天潼路547号。1919年创办了“中华全国齿科医学会”并编辑发行《临时周报》，以此来联系同业之间的学术交流。此刊物为已知的中国人自办的口腔医学期刊中最早的一份。1923年，司徒先生又创办了群众性的中国保牙会，并出版《口腔卫生月刊》，此刊堪称我国口腔卫生宣传教育之先导。

司徒博

对于中国齿科医学与口腔卫生教育事业，司徒博先生也付出了毕生贡献，先后创办过三所齿科相关学院。1923年创办中国齿科专门学校。1941年创办中国牙科医学夜校。1946年创办上海牙医专科学校。司徒博医生除了自任教师以外，还聘请了两位留美医师。后由于学校经济实力和师资力量不足等原因，办了两期后即告结束。

中華全國齒科醫學會
臨時週報

中國保牙會
口腔衛生月刊

中華民國十二年六月十五日首刊

司徒博主编的《口腔卫生月刊》及《中华全国齿科医学会周报》

司徒博医生结束了1923年的首次牙科教学办学实践后，仍不忘齿科教育，应社会需要，在1930年编著了一部《齿科医学全书》共四集，内容大多借鉴日本东京齿科专门学校函授班的讲义，因司徒博曾是该校1922年毕业的校外生，此书是我国出版的第一部齿科医学大全，后风行全国，并畅销新加坡等东南亚各地，成为众多从事牙科事业

1942—1946 街头牙科

的人进修及自学的齿科教材。

1939 年，司徒博先生在上海组织了中国牙科医学会，而参与者正是他以前的学生，学会属于学术性的组织，每月聚会一次，组织交流牙科方面的最新知识与技术，讲师以轮流的方式进行主讲，大约举办了两年。

中国齿科医学专门学校与附属医院外观

第三章 追忆上海近代医院

第一节 基督教教会医院

仁济医院（山东中路 145 号）

来自英国的传教士威廉·洛克哈脱来到上海，在 1844 年开办了上海开埠后的第一家西医医院，原名为中国人医院，原建于上海大东门外大码头，后搬到小南门，建筑风格均为中国旧式住宅，中间设有天井，在天井中搭起凉棚作为候诊场地。1845 年在教会的支持下，在上海外侨中募集了 2800 多两银两，在当时的山东路麦家圈建成了一座新的医院，于 1846 年移至新址，并命名为山东路华人医院，亦称仁济医院，有 60 张病床，之后，医院招收中国人来佐理医务，并为上海培养了第一位中国西医医师。洛克哈脱的老师英国人麦都思，是中国教会医事委员会的代表，曾于 1835 年和 1837 年两度访问上海，

仁济医院西院优秀历史建筑标牌

仁济医院早期，仁济医院前身中国医院 1844 年 2 月初创时在上海县城大东门的院舍简图

清同治三年（1874年）仁济医馆全景，1846年医院迁至山东路麦家圈，当时所建的仁济医馆（亦称山东路医院）院舍

仁济医院当时称为男病人医院的建筑（1913年），经过仔细规划和准备，医院完成了在男病房上加筑一层楼的工作，以适应日渐增加的医疗需求

1932 年在原址上新建的仁济医院院舍

仁济医院后期

并在如今的福州路上圈地建房，用作伦敦传道会上海办事处，他协助洛克哈脱创建仁济医院后，1844 － 1856 年期间担任仁济医院的董事之一。

仁济医院前身在上海县城大东门，院舍诊所很小，大部分时间以收治门诊患者为主。然而医院的亲民和平民化，以及免费的医疗就诊吸引了当时大量的中国百姓争相就诊。在洛克哈脱的《在华行医 20 年》中记录：

“医院一设立，建院宗旨就广为人知，每日都有大批人群向医院涌来，人们喧闹着，急切地要求就诊。病人不仅有上海人，还有许多来自苏州、松江和周边其他地区，远至崇明岛。……这些人们所表现出来的信任，即使在我们交流的早期，也显得鼓舞人心。”

面对众多的当地和慕名而来的患者，大东门的院舍显然无法适应。当年 10 月，洛克哈脱就将医院搬迁至小南门外新租的四合院平房建筑内，设有 20 个床位。房屋中间有一个天井，四周分布不同大小的房间。诊所的房租由伦敦布道会和中华医药传道会平均负担，其他开支由社会资助。

1845 年 12 月 31 日，由于就诊的患者激增，洛克哈脱用 220 两白银，租得了距北门约半里路、介于如今福建路和山东路之间的土地。这片地区在上海开埠前原为荒地，由于洛克哈脱的英国老师麦都思在此建筑房屋并传教，后被当地人称为“麦家圈”，医院院址就在“麦家圈”内，亦被称为麦家圈医院。

1873 年在山东路原址建成了近 3000 平方米的二层新楼房，设为男病人病房，低层为门诊部，楼上有床位 60 张。后由华人投资在隔壁建设了女病人病房，专门免费诊治妇女疾病，后于 1927 年与山东路医院合并。1880 年，仁济医院交给工部局管理，期限为 25 年。1904 年，工部局管理期满，英国人淡文卜担任仁济医院院长。

1926 年 5 月 14 日，英国侨民雷士德先生生去世后，雷士德基金会遵其遗嘱，赞助 200 万两银子给仁济医院建设新病房，医院英文名因此改雷士德医院，规定不设置单人住院病房，全部设大病房。1931 年，由雷士德创办的德和洋行设计的五层楼的新病房楼建成，

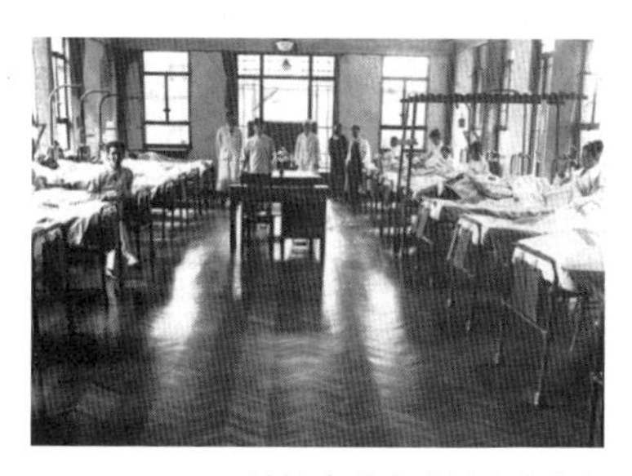

1933 年的仁济医院大病房

解放前的仁济医院病房

如今的仁济医院西院（2015 年 4 月拍摄）

如今的仁济医院西院建筑外部（之一）

老楼局部

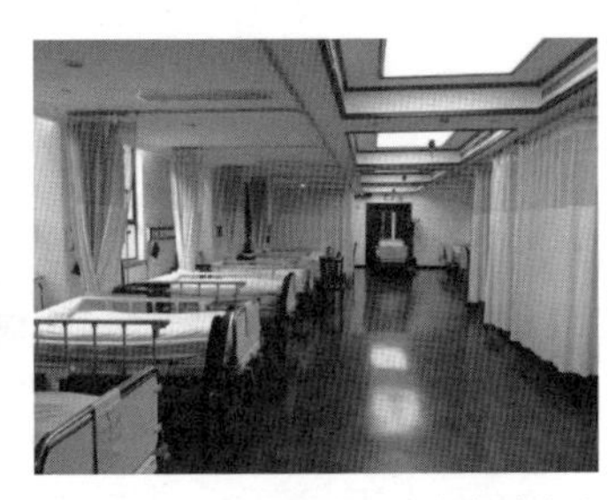

修旧如旧的仁济医院西院病房对外重新开放，传承了1933年的病房风格

如今的仁济医院西院建筑外部（之二）

仁济医院西院建筑内部楼梯

仁济医院西院建筑内部电梯

并正式命名为仁济医院，由英国人担任院长，全年门急诊量达20万人次。后期的仁济医院以钢筋混凝土框架结构，东端凸出及中央部分作为门诊部和药房间，西端凸出部分作为病房。整个医院有暖气设备，医疗部分主要设有五间手术室。医院建筑门用胶合木门，窗用钢窗，外墙用褐色面砖砌筑，病房和宿舍使用木质地板，走廊及扶梯均用磨石子地坪。

仁济医院的医疗水准在当时的沪上堪称一流，称其历史“即是服务的历史，为受难的人们服务”。住院病人每日早晨7时半在大厅集中，朗读《圣经》，然后祷告；门诊病人也得参加宗教活动，再由门房发竹券，按号就医。穷人和急需住院的病人可免费接受治疗，门诊病人也免收一切费用。那些无饭吃的病人，还可领到伙食券。

1941 年太平洋战争爆发后，日军派员控制医院，第二年 9 月全面接管，英国医师和职员被关进集中营，叶衍庆等保持民族气节的一批中国医师离开了医院，日方只好从日本征调一批医师来院，但是医院仍严重衰退。

抗战胜利后，1946 年医院重组董事会，推举颜惠庆为董事会主席，委任泌尿外科专家陈邦典为院长，医院开始复兴，门诊每日 600 人次，病床数 333 张。

上海解放后，1952 年由华东军政委员会卫生部管辖，由上海第二医学院接管，并更名为上海第二医学院附属仁济医院。当时床位数为 250 张，中西医有 76 名，职工 400 余人。

如今仁济医院共有 4 个院区，西院为山东路仁济医院原址，1999 年 10 月仁济医院东院建成，总的占地面积由原来浦西山东路的 14 亩扩大为浦东、浦西共计 145 亩，床位总数由原来的近 700 张增加到 1000 张。2009 年位于闵行区浦江镇的仁济医院南院建成，2012 年仁济医院北院对外开业。2013 年 7 月 1 日修旧如旧的仁济医院西院大病房重新对外开放，本着老一辈上海人对仁济医院大病房的印象："落地钢窗洁净明亮，镶嵌木打蜡地板一尘不染。16 张病床分成东、西两排，过道宽敞可开小轿车……"

同仁医院（愚园路 728 号）

上海同仁医院（St.Luke' s Hospital）创建于 1866 年，由美国圣公会传教士汤蔼礼牧师（Rev Ellifot）获美国圣公会教友希尔兹夫人 150 美元赠款后，与收到中国信徒捐款 80 元的华人牧师吴虹玉在

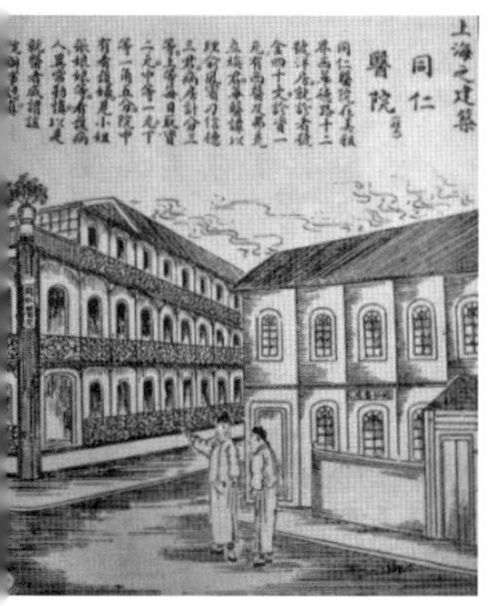

同仁医院插画

同仁医院彩色插画

同仁医院建筑外部

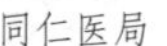
同仁医局

1909 年医院拥有当时全国最先进的 X 光摄片机

同仁医院病房（之一）

同仁医院病房（之二）

1909 年拥有当时中国第一辆救护车，开创了中国近代急救医学

文监师路百老汇路文（今虹口区塘沽路大名路）转角处租房开设诊所，中文名为“同仁医局”(Hong Kew Hospital)。两年后扩大规模并更名为同仁医馆。在初设的第一年里，医局共医治男病人 6370 人，女病人 9478 人，另有外国人 76 人。为了扩大规模，筹集募款，医局在上海英文报刊登广告，募集 700 两银子，添置房屋 13 间，使医局初具医院规模。当时床位数仅有 19 张，年收病人 130 人，门诊病人 1.5 万~2 万人。1879 年传教医师文恒理 (Dr. Henry William Boone) 来沪，翌年出任同仁医院院长，医院进入发展时期。1880 年沪上广东籍富商李九明在同仁医院探望病人，看到同仁医院井然有序和整洁，对贫富病员一视同仁，很感动，相信这是极好医院，向院方表示愿意帮助医院改善条件。李九明认为现旧房不符合近代医院要求，愿购购地皮后拆除旧房全部重建，费用由他赞助。1881 年新院新楼建成，内设病房、手术室和各种辅助用房。

同仁医院沿着长治路、塘沽路、南浔路汇成小三角孤岛，坐北朝南，建有一座二三层旧西式砖木结构楼房，后门在塘沽路，为一

文恒理(Dr. Henry William Boone) 1880 年任同仁医院首任院长，同时担任圣约翰医学院的首任院长

LAWS, RULES & REGULATIONS

ST. LUKE'S HOSPITAL

SHANGHAI, CHINA.

1922

同仁医院1922年法律法规文本

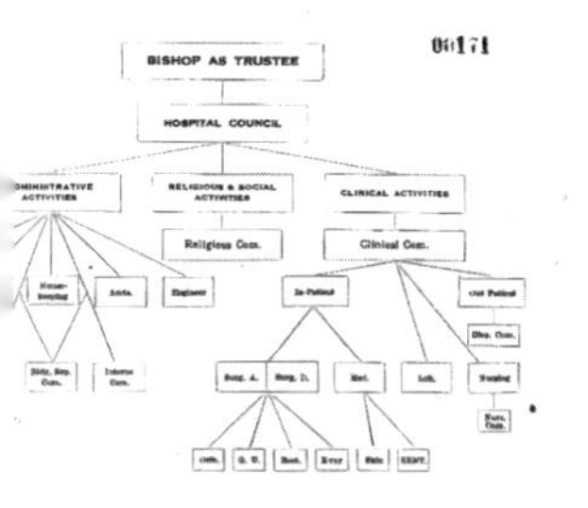

同仁医院1922年组织架构图（来源：上海档案馆）

座旧西式砖木结构2层楼房。

1886年，在上海同仁医院发起创立了中华博医学会，便是中华医学会的前身，并设立了中国首家医学博物馆和首家中华病理博物馆。院长恒文理曾任中华博医学会副会长。1893年的同仁医院除了院长文恒理以外，另外有内科、外科、妇科、齿科、眼科医师及药剂师各1人，护士人员多人，人数之多，涉及科室门类之全，是当时上海西医医院中所鲜有见的。1909年，该院拥有了当时中国第一辆救护车，开创了中国近代急救医学，并于1896年文恒理创办了美国圣公会圣约翰学校的医学部，受聘为圣约翰医学系主任，该院便成为圣约翰大学的附属教学医院。当时同仁医院的科室主任大多为兼职于圣约翰医科学院的教授。1901年，同仁医院还设立女子护理学校，开创了中国最早的护士学校。

同仁医院不断发展，一再扩建，嫌虹口场地过小，院方决定另行置地建新院，1933年募集资金626015银两。曾计划在赫德路昌平路转角处建8层大楼，但该计划没成功。同仁医院原免费医疗，随着社会对西医的认同，办院经费不断增长，靠教会拨款和社会捐款也无法维持。1936年不再向贫民免费治疗，改为面向达官贵人的有偿医疗，医药费成为医院主要收入来源，但是仍坚持慈善事业优良传统，采用“以富养贫”办法，穷人治病收费半价，病房分三等，头等病房每天1~3元；二等病房0.5元；普通病房只收0.15元。

同仁医院在抗战时期遭受了巨大打击，院址曾搬到圣约翰大学内，并于1937年迁址到九江路，并在白利南路（如今的长宁路）开设同仁难民医院（同仁第二医院），莫约西兼任院长。1941年，同仁医院由张福星接任院长。抗战后，圣约翰大学门旁建立了同仁新院，1947年，同仁医院与同仁二院迁址忆定盘路（今江苏路），床位数有80张。

1952年10月，上海市人民政府卫生局正式接管该院，改为公立医院并定名为上海同仁医院，兴建1200平方米的医疗用房，后曾多次改名。1977年，医院迁址上海愚园路786号，1979年恢复同仁医院院名。

伊丽莎白·罗夫施耐德（Elizabeth Reifsnyder）

威廉逊医院（方斜路 419 号）

1884 年由美国人玛格丽特·威廉逊（Margaret Willianson）女士捐款 5000 美元，在上海西门外租房两间，创办门诊部。为纪念威尔逊女士，这座由美国基督教教会主办的教会医院命名为玛格丽特·威廉逊医院（Margaret Williamson Hospital），中文名西门妇孺医院，此为上海市第一家妇孺医院。后由美籍女医师伊丽莎白·罗夫施耐德（Elizabeth Reifsanyder）管理，其为英国利物浦人，毕业于宾夕法尼亚州医学院，作为第一位女医学传教士来到上海，并建立医务室。1884 年，来自费城宾夕法尼亚女子医学院护士专业的伊丽莎白·麦基奇尼（Elizabeth M. McKechnie）加入了美国的基督教女公会，并随公会来到上海，成为第一个到上海的传教士护士，

医院建院全景

医院外景

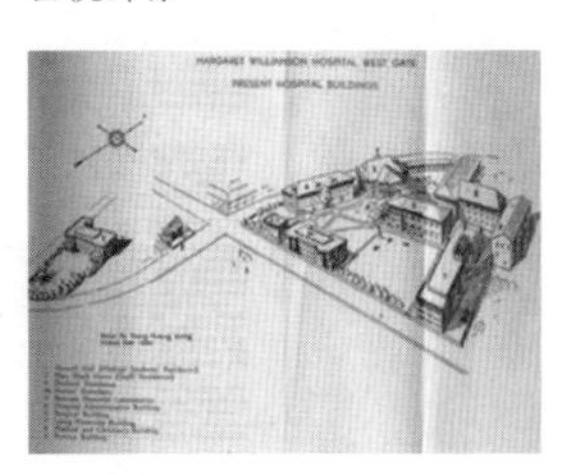

西门妇孺医院平面图

婴儿室

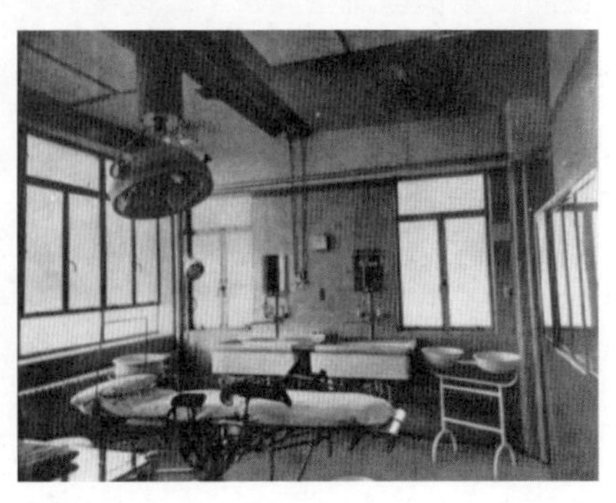

手术室

将西方护理学根植于中国。

1911 年的《中国差会年鉴》(*The China Mission Year Book*)对这家医院有这样的描述：

当时，一位名叫玛格丽特的美国妇女愿意捐款建筑一所以她的名字命名的医院。为此，罗夫施耐德女士 1883 年 9 月来到上海。1884 年 4 月，她同一名受训护士麦基奇尼女士一起找到两间民房，并把它进行了整修，在西门内开办了一个诊所，每周开业三天。工作一直很顺利。

在《基督教传教传记》(*Biographical dictionary of Christian missions*)上有这样的记载：

麦基奇尼就读于费城宾夕法尼亚州的女子医学院，于 1884 年加入美国的传教士团队——女公会，并一起来到上海。在上海，麦基奇尼与伊丽莎白一起工作于玛格丽特威廉逊医院。

据复旦大学医学院档案馆馆藏档案所述：

美国人玛格丽特威廉逊女士目击我国医药卫生之落后，徒使病人增加痛苦，乃本耶稣救人之旨，向各方捐款，创办门诊部于西门外，由许身为我国人民谋福利之罗夫施耐德女医师主持医务，此即本院创始之始。

因为该医院地处西门旁，故又中文名为上海西门妇孺医院。创办时仅有两栋房屋，设备简陋，设病床 20 张。医院原初的大楼建筑的屋顶和外墙均使用红色砖瓦，故在民间被人民称作“红房子医院”。1892 年又建成两间新病房和一个手术室，而不幸的是毁于 1898 年 8 月 22 日一场大火，只剩下一个手术室，后得到社会各界的捐助，医院得以重建，重建后的医院拥有床位数 50 张。1926 年王淑贞任该院妇科主任。抗战时期，该院迁徐家汇路前牛惠生骨科医院处办院，抗战后迁回，徐家汇路处设为分院。

建国初政府接管后并入上海医学院，该院病床位 268 张，职工 245 名，年门诊量 63135 人次。1985 年更名上海医科大学附属妇产科医院。1992 年批准成为上海市红十字妇产科医院，同年被卫生部、世界卫生组织联合国儿童基金会首批命名为“爱婴医院”。

该医院历史悠久，学术基础雄厚，已故老院长王淑贞教授是中国妇产科学科奠基人之一，素有南王（王淑贞）北林（林巧稚）之称，其学术成就享誉海内外。如今该院共有病床位370张，共有职工661名。

Voucher No. 1763
Check No. 0018629
Bill No.,

Shanghai Sept. 4

收到宏仁医院
Received from ST.ELIZABETH 'S HOSPIT

the sum of Dollars One Million Seven Hundred Sixt
thousand eight Hundred only.

count Bargain Money for 20 Radiator

$ 1,768,800.00

LOMA IMPORT & EXPORT
Manager (sig.)

Please sign and return
请签字盖章

原宏仁医院档案文件（来源：上海档案馆）

宏仁医院（北京西路361号）

原上海市爱文义路（今北京西路）的宏仁医院（St. Elizabeth 's Hospital）始建于1903年，原名文仁医院，由美国圣公会医师史蒂文斯（Stevens,J. N）创办。1907年，傅爱灵博士（Fuller to n，E.C）继任院长。1912年建造了三幢砖木结构的英国住宅式建筑，其床位扩为85张，并创办护士学校，为圣约翰大学的附属医院。1915年扩建病房，1916年又造了两栋护士宿舍。1940年医院改名宏仁医院，并建起七层楼的护士学校大楼，次年，又建了一栋五层楼产科大楼，病房为柚木打蜡地板，内有电梯。两幢建筑大楼都是钢筋混凝土框架结构，外墙以水泥粉刷，呈近代建筑形式。

到1947年，宏仁医院的床位有300张。1957年，宏仁医院随上海第二医学院系统调整时并入上海仁济医院。现院址旧医院建筑全部拆除，改造商品房高层住宅。

原宏仁医院大门

原宏仁医院旧址建筑（拍摄于解放后）

原宏仁医院旧址建筑（拍摄于解放后）

原宏仁医院产科婴儿室

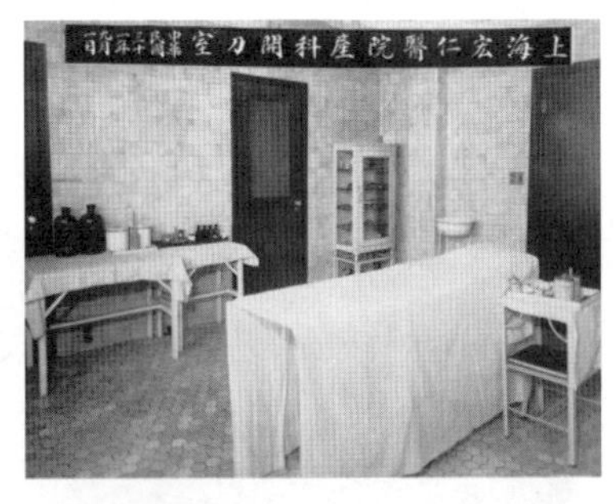

原宏仁医院手术室

原宏仁医院产科病房

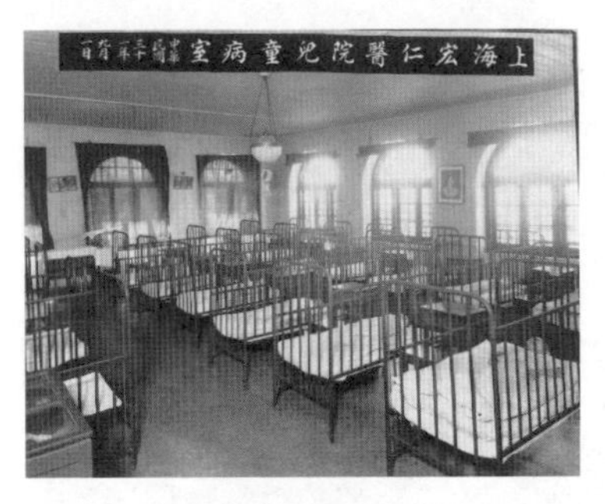

原宏仁医院儿童病房（解放前拍摄）

上海市宏仁医院全体摄影（民国三十七年六月）

20 世纪 50 年代在宏仁医院的住院

第二节 天主教教会医院

公济医院（海宁路 100 号）

公济医院（General Hospital）系上海开设的第二家西医医院，由法国驻沪领事委托天主教江南教会筹建医院，并集资 5 万两白银，于 1864 年 3 月 1 日正式创立，由仁爱会 6 名修女担任医务人员，为外国人的疗养性医院，建院的勒石上清晰地铭刻着“上海公济医院创办于西历一千八百六十四年三月一日”。医院最初在外滩洋泾浜附近科尔贝尔路（今中山东二路 22 号新永安路口），仅有病房 17 间，床位 35 张，专供来沪外国人治病。至 1868 年，公济医院共医治了 5138 名西方人，该院在法租界行医 13 年后迁出原址。1878 年，迁入乍浦路桥堍公共租界北苏州路 190 号，并在院区西部再添建五层楼的钢筋混凝土结构病房一幢，当时床位 270 张，取名“公济医院”。1882 年公济医院增建 5 层楼房，以后逐年扩建。1920 年，又增建病房大楼。至此医院的主要建筑物有五个部分组成：门诊部，中部老厦，

公济医院创始人纪念碑

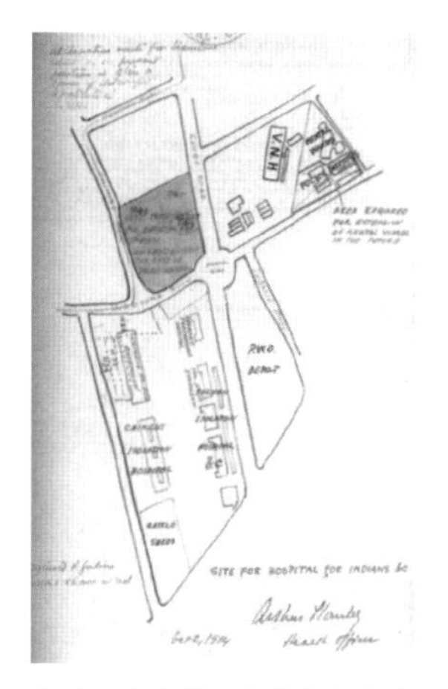

公济医院为增设印度人病房向公董局申请建筑地块（上海市档案馆藏）

公济医院建筑外景（之一）

公济医院建筑外景（之二）

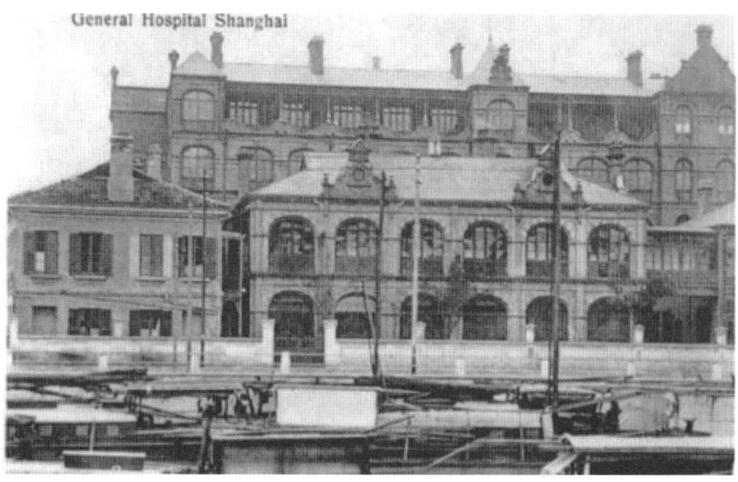

公济医院建筑外景（之三）

公济医院建筑外景（之四）

公济医院中部老厦及新厦（解放后拍摄）

公济医院修女院

公济医院建筑外景

东部老厦，新厦和修女院。

公济医院的整体建筑系英国的新古典主义形式，是当时规模最大，设备最新的医院。医院门诊部为两层楼混合建筑。新厦为主病

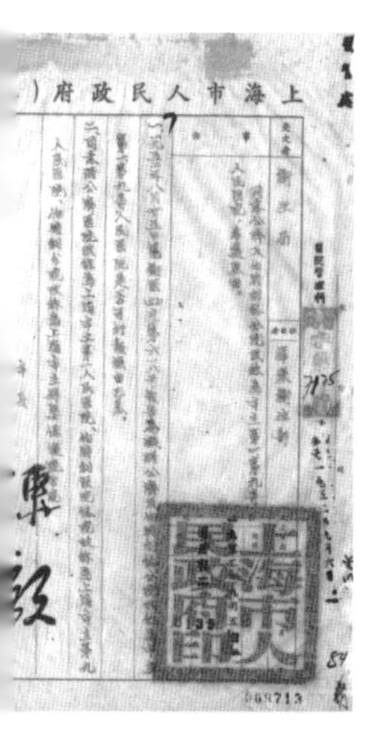
上海市人民政府

1952年5月上海市卫生局申请，上海市人民政府批准，公济医院更名为上海市立第一人民医院

房楼，系钢筋混凝土框架结构，内有电梯三部，手术室铺大理石地板。中部老厦系砖木结构，内有垂直运输电梯。东部大厦和修女院都为混合结构，修女院内装有自动电梯一部。

早期公济医院的医护人员均由教会委派，护理人员全部为修女。医院收治的病人不限国籍，并有近50个免费床位为无国籍的外侨准备。医院不对普通中国人开放，必须具有外籍的华人才能入住。在当时的上海，外侨患病大多到公济医院来求治，三等及免费病房经常为白俄、葡萄牙人、菲律宾人、朝鲜人、印度人及有外籍的中国人所住满。原公济医院东面的一栋楼曾是30名天主教修女的修女院，据说修女中为首的是奥地利的公主赫海伦。公济医院创设之初，修女是公济的唯一护理人员，不同国度的修女们在这栋楼里过着几乎封闭式的生活。这些修女默默地在公济医院奉献出她们的青春和热

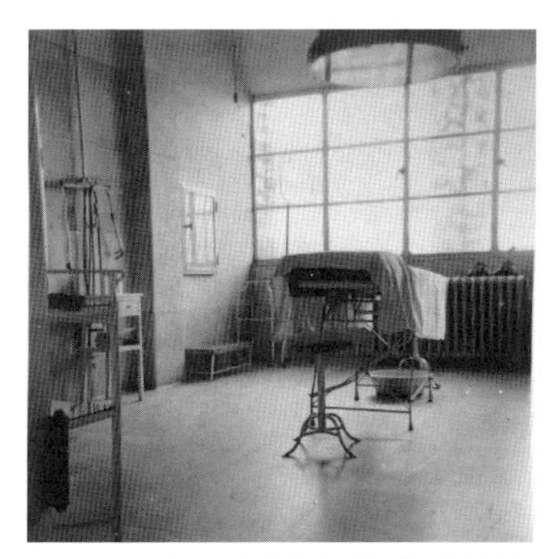
公济医院手术室（解放后拍摄）

公济医院电梯（解放后拍摄）

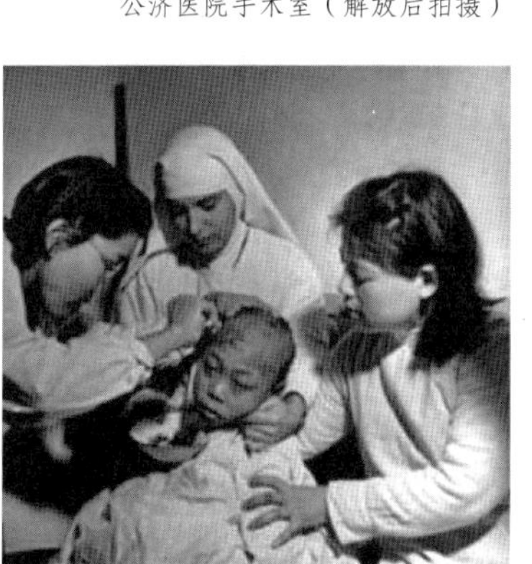
修女正在为头皮溃烂的小乞丐消毒

上海市衛生局
BUREAU OF HEALTH, MUNICIPAL GOVERNMENT OF SHANGHAI
公私立醫院註冊申請書
Aplication of Public & Private Hospitals
Name in full 朱仰高 Age Nationality Sex Residence
Medical School or Training Institution and Qualifications
Reference
Name of Hospital and Address 公濟醫院 Telephone 40100
No. of Ward Rooms and Area of each 病室99間
Classes of Ward Rooms and No. of beds
Fire, Accident Preventive Accommodation 有
Required: 1. List of Medical Staffs 2. Hospital Regulations 3. Fee 4. Sketch of Construction 5. Three Photos of Applicant 6. Tax
Signature of Applicant 朱仰高 Date
Credential & License Received Signature

1948年3月公济医院向上海市卫生局填报的注册申请书

情，一直到 1953 年左右回国。

至 1935 年 9 月，公济医院共有病床 270 张，住院病人最高达 150 人。医务人员院长 1 人，住院医师 1~2 人，修女共 30 名，护士 20 名。1953 年公济医院正式改名为上海市第一人民医院。20 世纪 80 年代第一人民医院另选海宁路新址建新院，原公济医院旧址改为商业开发，拆除旧楼，在社会公众呼吁下，才将已拆了部分的原修女院大楼保留下来。

广慈医院（瑞金二路 179 号）

瑞金医院的前身广慈医院，取“广为慈善”之意，法文名称是“圣玛利亚医院(I’Hopital Sainte Marie)”，是一所由法国天主教会创办的医院。公元 1907 年光绪三十三年，上海法租界当局与天主教江南宗座代牧区合作，由当时天主教江南教区主教姚宗李在上海法租界金神甫路（今瑞金二路）东侧购买了 165 亩土地，用于开办贵族医院，并委托天主教仁爱会法国修女管理。

广慈医院创办人姚宗李（Próspero París，1846-1931）

广慈医院由 1906 年开始筹建，首期工程建造了四栋二层西式砖木结构建筑，其中两栋建筑供病人使用，一栋供仁爱会修女使用，一栋供医院职工使用，即现在的 7 号楼和 9 号楼，医院建筑面积 7386 平方米。1907 年 10 月 13 日，医院举行了落成典礼。姚宗李把医院委托给仁爱会修女管理。广慈医院为中国人和西方人提供医疗服务，但其病房也是分等级的，分成四个等级，特等病房，一等病房，二等病房以及三等病房。其中法国人、有钱的中国人、教会人士住的是头等、一等病房，而穷人住的是普通病房。起初广慈医院设有内科和外科，医师是 2 个法国医学博士，另有管理医院的修女 8 名。

仁爱会修女。1904 年法国教会派遣了 8 名年轻的女修士来到了广慈医院，与 15 名中国助理协力工作，按期造好了 7386 平方米建筑面积的医院。

1908 年，广慈医院在原址新建了一幢二层共有 90 个床位的“圣味增爵”楼，即现在的 2 号楼，专供贫苦男性病员治病。到 1919 年，医院收治住院病人常年在 3000 人左右。1922 年医院又增建两幢二层楼房，一幢称“圣心楼”专收贫穷的女病人，另外一幢作为产房使用。1925 年建造了“巴斯德楼”，增设了化验室。1926 年、1928 年和 1929 年这三年，对老病房进行了扩建。1930 年，又建造了犯人病房和隔离病房。到 1932 年，广慈医院已发展成一家拥有 500 张床位的综合性医院，有 9 名拥有法国医学博士专职医师，3 名中国医师，仁爱会有 24 名修女，医院职工近 150 人，年住院患者数超过 8000 人。1935 年，由法租界工部局出资，在拆除的老病房“圣味增爵”楼原址上建造起来了一栋新的 5 层高的新楼，可容纳 300 张病床。

在建筑平面布局中，广慈医院是吸收南丁格尔式医院的建造布局特点，按大病房的思路进行布局，将护士站在房间的门口以便于来管理整个病房。医院建筑总体布局属于分散式，结构多样，有西洋古典的拱券结构和砖木结构，也有钢筋混凝土结构。

1949 年，广慈医院已形成了房屋大楼近 30 幢，建筑面积约 40000 平方米，病床数达到 780 张，医生人数 50 多名，工作人员 356 名，

广慈医院医院外景

1904 年的广慈医院

创建时的门诊大门

从马斯南路看广慈医院内景

广慈医院病房楼（平民大厦）

广慈医院产科病房

广慈医院三等病房内景

已是当时远东地区规模最大的医院。

1952 年，广慈医院划归上海第二医学院，作为该院的一所附属教学医院。1967 年曾改名为“东方红医院”。1972 年更名为“瑞金医院”。百年老医院，历经改造新建项目，现仅留妇科大楼和现病史档案室为老楼。

广慈医院病房楼（之一）

广慈医院现为瑞金医院院史陈列室

广慈医院病房内景（之一）

广慈医院病房内景（之二）

瑞金医院院史陈列室内部

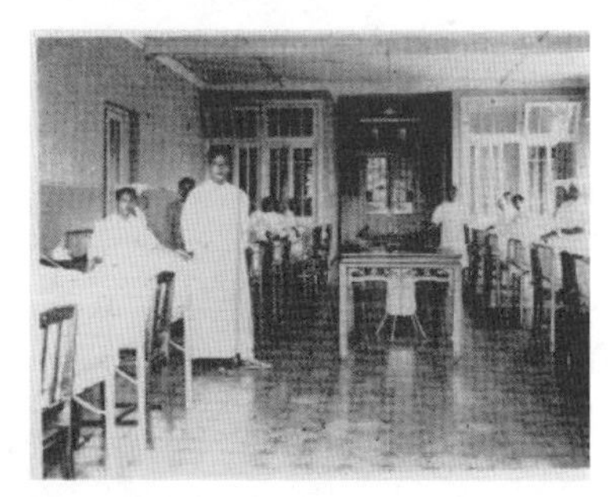

广慈医院安南巡捕的专备病房内

如今瑞金医院中的广慈医院妇产科病房

广慈医院行政楼

广慈医院病房楼二（之二）

第三节 外国友人开办的医院

同济医院（凤阳路 415 号）

同济医院于 1900 年由德国医师埃里希 · 宝隆（Erich Paulun）创建。其中同济二字来自“同舟共济”和“Deutach（德国的）”谐音。医院起初开设病床约 20 张，每天门诊额约数十人。1907 年宝隆先生开设德文医学堂，并命名为“上海德文医学堂”，1908 年更名为“上海同济德文医学堂”，这就是同济大学的前身。

1909 年宝隆先生因病逝世，为了纪念宝隆先生，将同济医院改名为“宝隆医院”(Paulun Hospital)，并由福沙伯博士接任同济德文医学堂总监督兼总理和宝隆医院院长职务。

1911 年，宝隆医院购置西式楼房一栋作为医院的病房和学生宿舍。1912 年又建造了一栋德式楼房，作为医正科教学和试验用途。到 1927 年时，宝隆医院已建成四面合围的 5 座楼房。到 1930 年，医院设病床共约 300 张，拥医护人员 138 人，日门诊量近 300 人次。

1946 年，抗日战争胜利后，宝隆医院被改名“中美医院”。

1916 年宝隆医院外景

1920 年宝隆医院的背面

1927 年宝隆医院

宝隆医院西面

1946 年 6 月同济大学迁回上海，“中美医院”归属同济大学医学院。

1949 年 6 月上海市军管会接管同济大学的同时接管医院。解放为后同济医院，20 世纪 60 年代上海第二军医大学长征医院接管后，不断扩建和新建，旧貌无存，仅在凤阳路沿街留下一幢楼。

宝隆医院病房

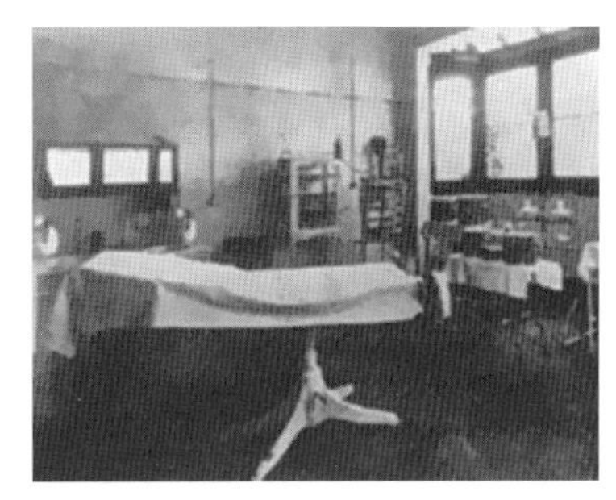

宝隆医院观察室

1934 年宝隆医院正门

福民医院（四川北路 1878 号）

福民医院创建于 1921 年，为日本人顿宫宽开办，原址位于今四川北路 1878 号。福民医院的前身是日本人佐佐木金次郎于光绪年间办的佐佐木医院，为当时规模较大的日本人医院。1934 年该院竣工部分为七层的大楼，是当时虹口一带最高的医院建筑。

1949 年解放后，上海市政府正式接管福民医院，并改名“上海市第四人民医院”。2000 年 7 月，上海市第四人民医院和第一人民医院合并，成立新的上海市第一人民医院分院。

这家日本人开设的医院虽然名字叫“日侨福民医院”，但服务范围并不局限于日侨。当时住在附近的鲁迅经常就诊于福民医院，

横浜桥附近有一所日本人在上海创建的最大的医院——福民医院。

福民医院大楼侧边

而且其妻许广平先生便是在这家医院生下了儿子周海婴。

从《鲁迅日记》中我们可以看到当时的情景再现：

一日　晴。上午得杨律师信。午后秋田义一来，赠油绘静物一版，假以泉五。下午往福民医院，与广平商定名孩子曰海婴。得何春才信。

三日　晴。晨复达夫信。寄钦文信。上午得叶永蓁信。友松来，即导之往福民医院诊察。视广平。

五日　晴。上午寄霁野信并开明书店收条。午后友松来。下午季市来。往福民医院看广平。夜为柔石校《二月》讫。

七日　昙。午后往福民医院。往内山书店买《弁证法》及《唯物的弁证》各一本，共泉一元五角。又昭和三年板《鉴赏选》一帖八十枚，六元五角。晚得石民信。夜与三弟饮佳酿酒，金有华之所赠也。

十日　晴。上午往福民医院付入院泉七十，又女工泉廿，杂工泉十。下午同三弟、蕴如往福民医院迓广平及海婴回寓。金溟若来，不见。达夫来，赠以佳酿酒一小瓶。晚夏康农来。

福民医院前的集体照

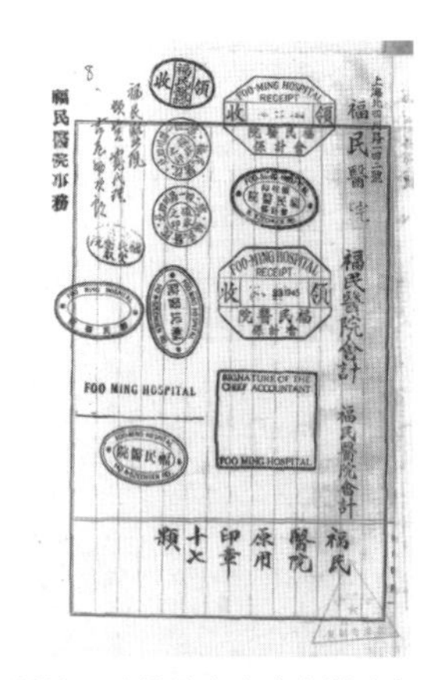

福民医院原用印章十七颗（来源：上海档案馆）

上海第一人民医院分院2号楼楼梯局部特征

2号楼大门局部

鲁迅先生与儿子周海婴合影

十八日　晴。上午携海婴往福民医院检查，无病，但小感冒。下午赴街买吸入器及杂药品。晚得钦文信。

鲁迅日记

在民国女作家萧红先生的《鲁迅先生最后的日子》中有这样的描述：

“鲁迅先生病了一个多月了。

证明了鲁迅先生是肺病，并且是肋膜炎，须藤老医生每天来了，为鲁迅先生把肋膜积水用打针的方法抽净，共抽过两三次。

。。。

福民医院美国医生的检查，说鲁迅先生肺病已经二十年了。这次发了怕是很严重。

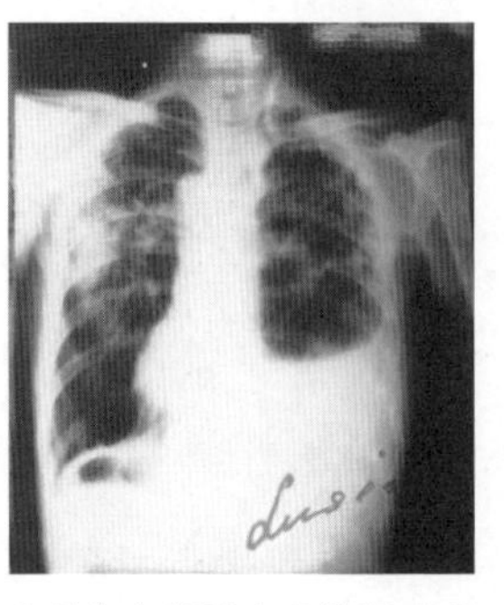
鲁迅先生1936年6月15日于福民医院拍摄的X光胸片

如今为上海第一人民医院分院2号楼

萧红《鲁迅先生最后的日子》里有这么一段话：

医生规定个日子，请鲁迅先生到福民医院去详细检查，要照X光的。

但鲁迅先生当时就下楼是下不得的，又过了许多天，鲁迅先生到福民医院去检查病去了。照X光后给鲁迅先生照了一个全部的肺部的照片。

这照片取来的那天许先生在楼下给大家看了，右肺的上尖是黑的，中部也黑了一块，左肺的下半部都不大好，而沿着左肺的边边黑了一大圈。

这之后，鲁迅先生的热度仍高，若再这样热度不退，就很难抵抗了。

犹太医院（汾阳路83号10号楼）

位于汾阳路上的上海复旦大学附属眼耳鼻喉科医院中有这样一栋建筑和一段历史。1934年，上海犹太圣裔社依靠上海犹太富商嘉道里的资助，成立了上海圣裔社医院。1941年太平洋战争爆发后，由上海俄籍犹太人正式接管，并迁往毕勋路（今汾阳路），改名为“犹太医院”。当时的犹太医院共有床位60张、外科手术室1间以及X光机等医疗器械。院长为俄罗斯犹太人斯坦曼，医护人员大多是俄罗斯犹太人和德国犹太人。

犹太移民医院产科病房新生的两个婴儿，他们正贴在护士摇摆的手臂里

汾阳路83号院内的10号楼原来作为犹太医院及水塔，1942年建造，更早之前为三德堂。该建筑为砖混结构。其外观具有简化的古典主义风格特征。建筑主立面对称构图，使用简化的装饰性壁柱。建筑室内外局部装饰具有装饰艺术派特征。水塔造型简洁，带有几何形装饰，依附在大楼侧墙上。

据史料，当时在上海的犹太人非常重视卫生和保健工作。二战期间，犹太人还在上海虹口区各难民收容所设立门诊部作公共卫生防疫工作，防止了大规模的传染病和流行病的传播。

犹太医院的病房，该病房能容纳120个床位，医院护士即来自难民

原犹太医院，现五官科医院病房

犹太医院的医生们面临小瘟疫，正在对一批难民种牛疫预防针，这种针剂是强制性的。.

汾阳路83号10号楼之水塔

宏恩医院（延安西路17号）

1926年，坐落于上海当时大西路17号的一所医院被国内外媒体誉为“远东最好的医院”，那所医院便是由美国富商匿名赠送给公共租界工部局的综合性医院，名叫宏恩医院，英文名 Country Hospital。建院时院长步云(Bowen J. E.)，此时宏恩医院的床位很少，有洋房共四幢，病房主楼属欧洲文艺复兴风格建筑。 医院建筑设计者是匈牙利建筑设计师邬达克，并且由潘荣记营造厂施工，医院占地2300平方米，建筑面积10649平方米。

宏恩医院主楼的东面是花园，临近华山路。建筑主楼楼 5层，局部有6层，为钢筋混凝土与砖木混合结构。其平面呈“工”字形。该建筑分南楼、北楼、门诊楼三部分。南楼是医院的病房楼，东西长81米，进深15米，其每层面积1200平方米左右。建筑北楼东西长35米，进深15米，每层约500平方米左右，为医务专用楼，首层北面近停车场设置有救护和后勤的出入口，西面供医院员工进入。南楼与北楼之间有宽10.5米、长18米的门诊楼。一层、二层设计为治疗室和多人病房，供三等和免费病人使用，三到五层每一层设计为标准病房，有单人间和双人间，共19间，还配备了两个护士站。建筑南立面东西两面对称，底层均匀排列券门，门旁有双柱，门内

20 世纪 20 年代，宏恩医院外观

宏恩医院大楼鸟瞰图像

有廊。中央大厅有 2 层高度，约 8 米左右。主楼的二至五层有敞廊式阳台。整体建筑强调平面和立面的对称，是欧洲文艺复兴时期建筑形式的特征。在整个立面上，以多层次的线脚从竖向上将立面划分成上下比例协调、富有变化的三段体格局。医院建筑内部按综合性中式医院的要求设计，科室齐全，可以合理方便沟通，并布置有

宏恩医院大楼外观

宏恩医院大楼外观

不同的科室，不同等级的病房，南楼每层设有标准病房 25 间，每间面积约为 16 平方米。楼层每层的地面以不同材料铺设，如水泥、磨石、马赛克、木地板以及特种需要的橡皮地板等，另有设置客用、货用电梯各一台。

当时的宏恩医院为了达到世界一流远东最好，在设备购置上投入不惜代价。每个病房配备了美国进口的三件套独立卫生间。多人间病房多配卫生设备，供患者洗漱。整栋大楼全部配备了瑞士 Sulzer 的冷气设备系统，机房设置在医院北楼的首层。全空调设备的医院在上海当时是首例，甚至在全世界都是屈指可数的。另外，医院设备包

宏恩医院大厅内部结构

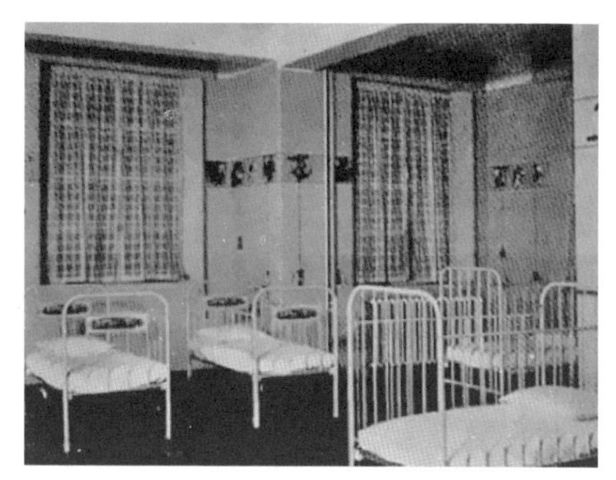

宏恩医院儿童病房

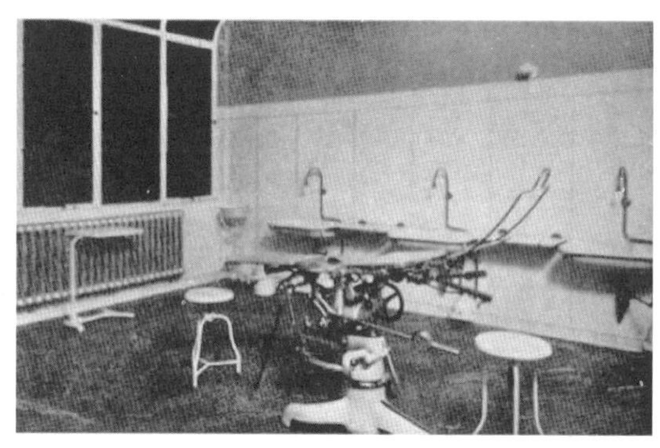

手术室

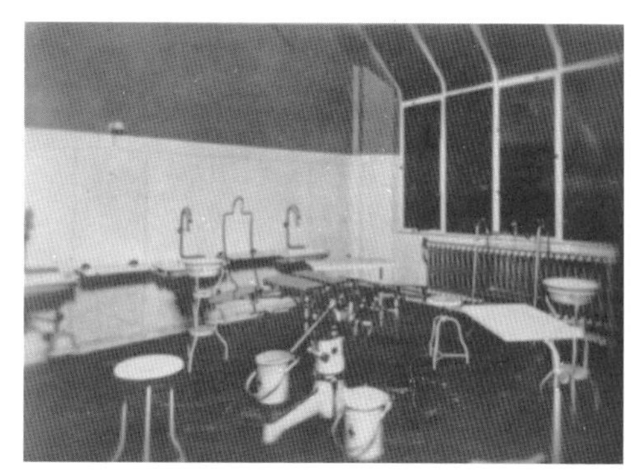

手术室

如今的华东医院（2015 年拍摄）

华东医院大楼与花园

括了 X 光、机械诊疗、水疗、理疗等当时上海最好的设备，这在当时的医院建筑中实属罕见。英国名医道格拉斯 · 格雷 (Dr. Douglas Gray) 甚至专程从北京来到上海这座“在各方面跟英国、美国、欧洲大陆那些最好的医院一样好，甚至在很多方面更好的医院”担任外

大楼外观（之一）

大楼外观（之二）

科主持。

宏恩医院建筑南面的花园也别具一格，该花园在医院正式启用的三年前就开始规划和种植了，草坪尽头是广玉兰，四周是上海特色的本土植物，为患者创造了宜人的住院环境。

1950 年，上海市军委会接管宏恩医院，改建宏恩医院创办华东医院，设置病床 60 张，担负华东及上海市局即以上党政军领导干部、一等二级以上专家教授和外宾的医疗保健任务。如今的宏恩医院是上海有名的为高干治病疗养的华东医院。

第四节 公立西医医院

中国红十字会总院（乌鲁木齐中路 12 号）

上海华山医院创立于 1907 年，前身是中国红十字会发起人沈敦和筹资建造的中国红十字会总医院暨医学堂，1909 年由上海万国红十字会中方总董沈敦和等购置徐家汇路 14 亩地作为院址，翌年竣工完成。当时原名为中国红十字会第一医院，由大清医学院、武汉学院和上海哈佛医学院合并成立哈佛医学院，设立床位 50 张，由当时美国传教士何登（Haghton）博士任院长。

1910 年初，经过一年的紧张筹建，医院大楼落成，原建筑物是美国教会停办的哈佛大学校舍，是一座二层砖木结构外廊式住宅，为砖木结构，古典主义风格，建筑两侧是对称的圆拱，内有花饰栏杆的外廊，大门及围墙为西方古典城堡形式。医院配备有冷热水管、

中国红十字会总医院医学堂之正面

中国红十字会总医院学堂之大门

哈佛楼

早期中国红十字会总医院救护车

1932 年中国红十字会第一医院大门

如今哈佛楼外观（2015 年拍摄）

病理室、手术室、消毒室、配药房、储药房、发药房、化验室、锅炉房、浴室、病房、会议室等设施，设备相当齐全，被人誉为“沪之冠”。

1912 年到 1921 年间，中国红十字会分别同美国哈佛大学和美国安息会签订合办总医院的合同，借助外部力量来推动医院医疗技术的发展、设备的更新以及医护人才的培养。

1921 年中国红十字会收回总医院自办，中国红十字会第一医院归国人自办，由牛惠霖任院长。总医院建成以来，一直秉承发扬人道主意精神，关怀社会下层贫困患者。据史料记载，1922 年总医院共收治住院患者 689 人，对于极贫患者 96 人免费治疗。

1928 年，该院列为国立中央大学医学院（上海医学院前身）实习医院，并由医学院院长颜福庆兼任医院院长。当时有病床 201 张，并建立了医师专任制度。1932 年医院改名红会一院。抗战后，华山

哈佛楼局部特征

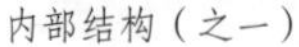
内部结构（之一）

内部结构（之二）

医院的床位增至 380 张。

如今的华山医院由 33 个临床医技科室，近 1800 名职工，其中医疗专业技术人员占八成，众多专家教授在国内外享有较高的知名度。哈佛楼仍继读保留，现为贵宾接待和会议中心。

上海中山医院（枫林路 180 号）

坐落于枫林路 180 号的上海复旦大学附属中山医院是中国人自己筹款创办的上海第一家医院，始创于 1936 年，为纪念中国民主革命先驱孙中山先生而命名为中山医院，也是 20 世纪 30 年代有中国人自己创办的一所规模较大的综合性医院。关于筹建中山医院，八十余年前的《筹设上海中山医院缘起》募捐启事中详细记载：时上海已跻身世界大都市之列，人口约 275 万，然而由于内乱，民不聊生，疾病丛生；国人自己开始的医院受制于经济、设备等原因，无法按病种进行分科治疗；而外国人开设的医院，收费昂贵，中产阶级尚难承受，普通老百姓更是就诊无门；与此同时，也是为了为国立上海医学院配套一所教学实习医院，故筹建一所国人医院成了迫切需要解决的问题。

中山医院发起人认为：医学原有国际性质，而无国界之分，世界名医，游历来华，也愿意暂驻医院为病人诊治，既可以研究学术，展现特长，又可以使病人得到实惠，使国家医药学术得到发展。在医院创建之处，便已考虑到“以应全国之需要”，融医、学、研于一体。

在建中的中山医院

中山医院 （之一）

中山医院（之二）

中山医院（之三）

中山医院（之四）

1930年颜福庆等发起，发起人有社会名流共40人，如立法院院长孙科、实业部部长兼央行总裁孔祥熙、实业家刘鸿生、教育家蔡元培，还有宋子文、牛惠生等，历经七年，耗资近百万元，第一任院长牛惠生。当时由红十字会一院分出部分医务人员来带中山医院各科室，并设有护校一所。

中山医院建院发起人

中山医院，建设招标，建筑楼房项目由基泰工程公司承办，1935年6月医院正式动工，次年12月落成，共占地40亩，建筑面积13597平方米。同年，由上海红十字会第一医院（如今华山医院）调来部分医务人员，建立内科、外科、妇产科、儿科等。1937年2月正式开始收治病人，4月1日举行医学院新校舍暨中山医院开幕典礼。

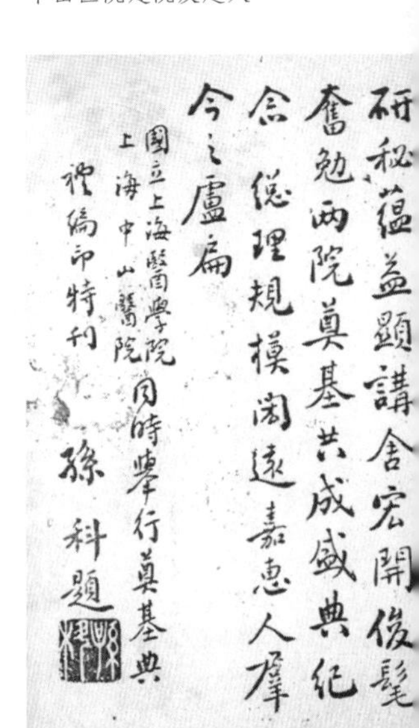

孙科为中山医院建院题词

上海复旦大学附属中山医院的3号楼是一栋典型的中式与西式相结合的多层建筑，主楼为四层，中部为五层，钢筋混凝土框架结构，其体积庞大，坐北朝南，建筑面积13556平方米，呈“凹”字形，中轴对称。底层为混凝土基座，中间层为红色清水砖墙，并有汉白玉栏杆装饰，呈现中国传统皇家建筑形式。中间为山顶主体，两侧翼顶端各有一四角攒尖方亭，并与主体以廊道连接。建筑主体呈中国清代皇家建筑特色，其中有红色柱子，黄色琉璃瓦，檐下架上有中国传统彩色图画案，屋脊上有吻兽。然而房顶上每个开间中有老

1936年中山医院院舍鸟瞰图

如今的中山医院3号楼（拍摄于2015年3月）

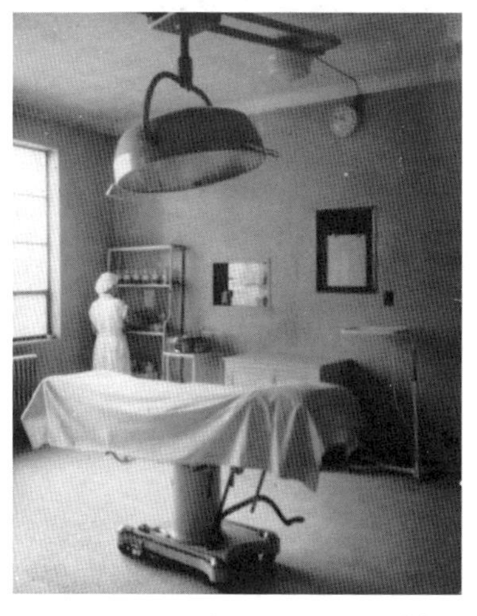

手术室

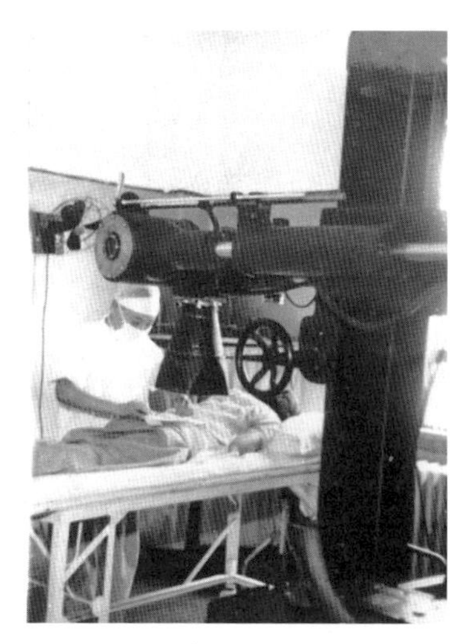

中山医院深度X光治疗室

虎窗系上海地方建筑形式。楼前有巴洛克式的庭院及喷水池。

中山医院如今已经发展成为一所设施一流、技术一流、质量一流的集医教研为一体的大型三级甲等现代化医院。

1943 年 邹韬奋（右）在上海医院病床上与夫人及长子邹家骅在一起

上海医院（多稼路 1 号）

位于多稼路 1 号的上海市第二人民医院原名上海医院，它是中国人在上海自己创建的第一所中西医并治的综合性医院。该医院东临黄浦江，西至中山路，占地面积 21.8 亩。它于 1904 筹建、1907 年开诊，筹建者是李平书。后来它先后叫上海医院、市第二医院。1942 年集资在多稼路重新筹办了上海医院。1943 年，著名爱国民主人士邹韬奋化名季晋卿，来此医治中耳癌。他被安排至特等病房，并在重病中完成《患难余生记》一书。

抗战后，上海医院改名上海市立第二医院。

上海医院老楼

澄衷肺病疗养院（政民路 507 号）

澄衷肺病疗养院，院址位于老上海江湾，由叶子衡捐赠，所以又被称为叶家花园，共占地 80 余亩，1934 年开诊，首任院长颜福庆，初设病床 70 余张，为当时上海医学院第二实习医院。该院先设男女

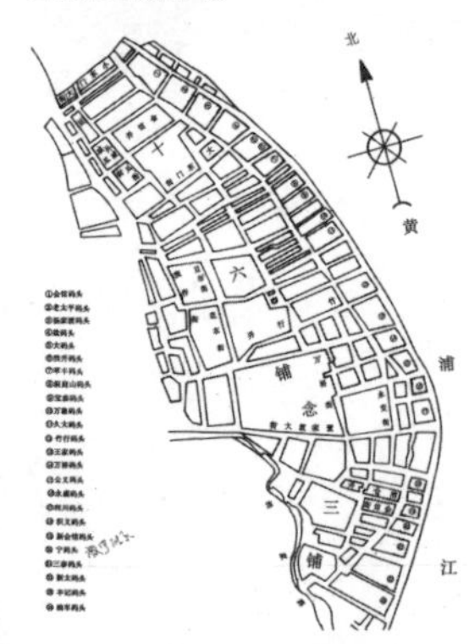

民国时的多稼路江边旧景

澄衷疗养院大门

叶贻铨，字子衡，是叶澄衷之四子。

肺科，后增小儿肺科，为我国首创为儿童设立的肺病疗养机构。

叶家花园为日本人设计的江南园林，在原江湾跑马厅旁。花园为浙江镇海巨贾叶澄衷之子叶贻铨(字子衡)建造。1910年江湾跑马厅建成后，叶子衡筹款建造了这座花园，主要供赛马赌客休息和游乐。

叶家花园门口处设一座跨门楼，两侧分别连接的是“伏虎岭”和“卧龙岗”。花园主楼“延爽馆”为四面环水的二层楼西式建筑，法国古典主义风格。底层有三面环廊，廊柱为圆形罗马柱，巴洛克柱式风格。花园整体呈东西向椭圆形，由三个岛屿环绕交错而成，为当时私人花园的佼佼者。

叶子衡早年曾在圣约翰大学求学，他的恩师便是当时国立上海

澄衷医院及周围之风景

澄衷医院，即从前的叶园，现为痨病疗养所（正门）

澄衷医院大门

园林环境

环境优美的园林仍保存完好

今日还保留的肺科病院老门楼

原叶家花园主楼现为医院会议中心

医学院院长颜福庆。1933 年 颜院长向叶子衡谈及医学院需要筹建一所专门医治肺结核病人的医院。叶子衡听后颇为感动，于是在 1933 年将江湾的叶家花园捐赠给国立上海医学院作为第二实习医院，为上海公益事业作出杰出贡献，叶子衡的这一善举获得了当时教育部的褒扬。为纪念其先父，将该医院取名为“澄衷肺病疗养院”，首任院长即为颜福庆。

抗战时，医院院址为日军侵占， 1947 年该院恢复业务，床位 140 张。1949 年 7 月，澄衷肺病疗养院由市军事管制委员会接管，1950 年 4 月划归上海市卫生局管辖，1959 年改名为上海市第一结核病防治院，现为“同济大学附属肺科医院”。

第五节 私立专科医院疗养院

虹桥疗养院（虹桥路 201 号）

位于虹桥路 201 号的上海虹桥疗养院在解放前是一所与澄衷医院齐名于沪上的肺病疗养院，该院由院长丁惠康创办，他所编写的《肺病指南》、《肺病预防法》和《肺病疗养法》三本著作为 30 年代国内防肺病界的经典。该疗养院于 1934 年 6 月落成，可容百余病床。

虹桥疗养院大院

虹桥疗养院小院

虹桥疗养院鸟瞰图

虹桥疗养院大门门景

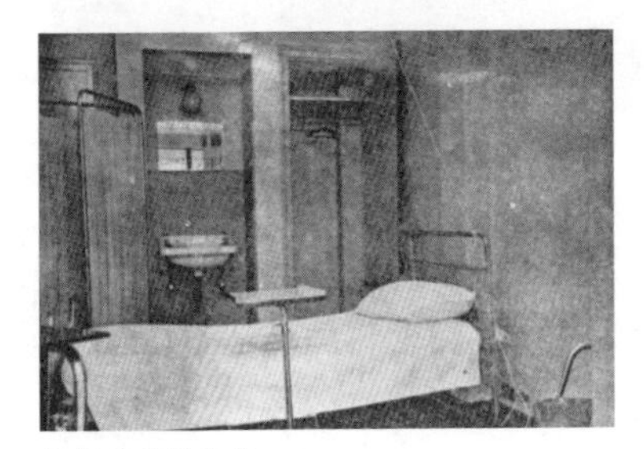

虹桥疗养院病房

虹桥疗养院走廊

疗养院由两座钢筋混凝土街头的建筑和绿地组成。该院主楼是一幢四层阶梯式疗养式建筑，具有较好的隔音条件，主体建筑呈梯形，病房全部朝南。有疗养床68张，分特等、头、二、三等病房。

据史料记载，建造虹桥疗养院的资金一部分来自丁福保父子自筹，另一部分由社会名流捐助，如杜月笙，孙科等。

该院曾为上海医学院实习医院，抗战后迁淮海路。1935年，国立上海医学院院长颜福庆借用该院作为上海医学院第二实习医院。

上海产妇医院（延安西路934号 原大西路212号）

位于上海延安西路原大西路的产科医院，是中国人自己创办的第一座具有一定规模的妇孺医院，是由妇产科专家孙克基博士创办于1935年，医院东临达华公寓，原为张家宅地区，占地面积3128

上海产妇医院外观

20 世纪 30 年代的长宁区妇产科医院

平方米，建筑面积 5600 平方米。

医院建筑是 1934 年由我国近代第一代建筑师庄俊设计，长记营造厂施工，1935 年建成。主楼是六层钢筋混凝土现代建筑，造型优美，内部平面布置颇具特色，钢门、钢窗、外墙面砖贴面，立面由于楼梯间凸出，分为四块，白色水平线条贯穿整个建筑。医院内部设备先进，具有隔声条件，床位 17 张。主楼设有两部电梯，医院地面、走廊及楼梯均为彩色水磨石，其他房间均做瓷砖墙裙。屋顶部分，除手术室外，均铺水泥砖。

该医院于1956年与私立同德妇孺医院合并，改为上海市产妇医院，如今是上海真爱女子医院。

司徒博牙医院（霞飞路342号）

半个世纪之前，在现今淮海中路马当路西北转角处有一所医院，古稀上海老人会知道这个医院是专门看牙病的。它开办于抗战之前，名叫司徒博牙医院。

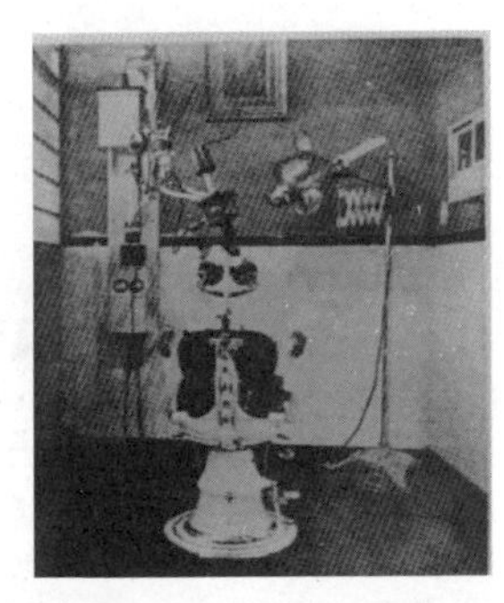

司徒博牙医院X光及太阳灯室内部

该医院既有为达官贵人服务的高级诊室，医院赚的钱主要用于开办中国齿科医学专门学校，又有定价平民化的为一般民众开的诊室。该牙医院规模大，牙科设置先进完备，院子里有园艺、喷泉，来看病的既有达官贵人，又有一般平民。

司徒博牙医院及其附属平民牙医院外观

司徒博牙医院第一候诊室内部

第六节 新中国上海医院老建筑

岳阳医院（周湘云旧居 青海路44号）

岳阳医院位于上海市中心青海路44号，为沪上知名的中西医结合医院。其前身为宁波房地产大亨周湘云旧居。作为旧上海十里洋场的宁波巨商，周湘云出资法币40万，由新瑞和洋行建筑设计师戴维斯·布鲁克和格兰于1937年建造了这座建筑占地面积450平方米

岳阳医院外观

内部特征

标牌

并安装电梯的西洋建筑。这幢四层楼房，为现代式花园住宅。由新瑞和洋行设计，大小52间房间，造价法币40万。主体建筑为3层楼房，钢筋混凝土结构，立面以水平线条为主构图，形体错落有致，强调水平线条。平顶屋，西周砌女儿墙围护。

1950年秋，这座花园住宅由国家租用，给华东局外贸部机关使用。数年后，华东局外贸部迁往新址，这里就成为岳阳医院第五门诊部，后改为岳阳医院青海路门诊部至今。

标牌

上海文艺医院（张叔驯旧居 天平路40号）

上海文艺医院位于徐汇区天平路40号，为花园洋房建筑，原为张叔驯旧居。这座建筑建于1943年，是一幢西班牙建筑风格与日本式庭院风格相结合的成功典范。

医院主体主要特征为强调立体构图，讲究体形上的集合权衡和立面上的虚实对比，并且室内注意空间分隔和墙面色彩，实现室内空间流动和内外空间的有机结合。建筑主体三层，局部二层，南立面底层有圆拱券廊，三层有露台，形体舒展而开敞，装饰简洁，有地中海建筑连续拱券之间有附墙柱的形式，雕刻类似科林斯式柱头图案。建筑西侧车道处底层架空，采用柱墩支撑扁券，柱墩外有方形附墙柱。墙体浅红色粉刷，局部门窗镶有白框。

优秀历史建筑标牌

上海文艺医院建筑外观

三层楼洋房

三层楼洋房

洋房局部

解放后该建筑成为上海市文物管理委员会的所在地。1960年，周恩来总理来上海视察，文艺界人士表示求医难，周总理当即指示解决。1961年10月，市文管会搬出天平路40号，这里改成文艺医院。

长海医院十号楼（上海市博物馆 长海路168号）

位于长海路168号德长海医院的十号楼，又称为“影像楼”，原为上海市博物馆。根据孙中山先生的《建国大纲》和《大上海计

原上海市博物馆

如今的长海医院影像楼

划》，原划定上海江湾五角场东北地带为新上海市中心区域，并在此区域完成了运动场、图书馆、博物馆、中国航空协会等建筑设施，与当时租界中的另一个市中心形成对比与呼应。

原上海市立博物馆是上海历史上第一次由政府拨款筹建的博物馆，为了筹建此馆，当时的政府还发行了350万元的公债。作为“大上海计划”中的重要建筑，这座位于长海路168号的上海市博物馆，由中国著名建筑设计师董大酉设计，1934年动工，1936年建成，1937年元旦对外开放。整座建筑坐东朝西，占地1700平方米，建筑面积3430平方米。整体建筑为钢筋混凝土结构，中间建有盖黄色琉璃瓦的高大门楼一座。主体分为两层，门楼高四层。其建筑造型仿北京鼓楼造型，琉璃瓦顶，中间是中式歇山二重檐，只有门楼梁柱外露，门厅及陈列厅内有朱红色柱子和传统的彩画，梁枋及藻井。墙高10.5米，门楼屋脊出地面约24米。建筑外墙用大石块砌筑，平台四周为仿石壁柱栏杆，将中国传统风格与现代建筑风格完美地结合。

原上海市博物馆图画

原上海市博物馆

建筑大楼平面形状呈“工”字形，两侧各外伸一段，形成大门口“门”字形广场。底层为方形门厅，大厅两侧设有过道，二层两翼为陈列厅，上盖玻璃顶棚。中央二层陈列厅上有夹层，由此可以通向顶层，四周设有平台。门厅下由地下室，内设锅炉房。

1949 年 5 月，该大楼由上海市军事管制委员会接管，并于 7 月 14 日正式成立了华东军医人民医学院附属医院。1962 年 7 月对外称谓上海长海医院。

杨浦区老年医院九号楼（圣心教堂 杭州路 349 号）

杨浦区老年医院位于上海杨树浦工厂区的杭州路 349 号，原名圣心医院。该院九号楼由圣心教堂改建，始建于 1931 年，首任院长

圣心医院

由上海公教进行会主办的上海圣心医院圣堂外景。

原圣心教堂内部

优秀历史建筑标牌

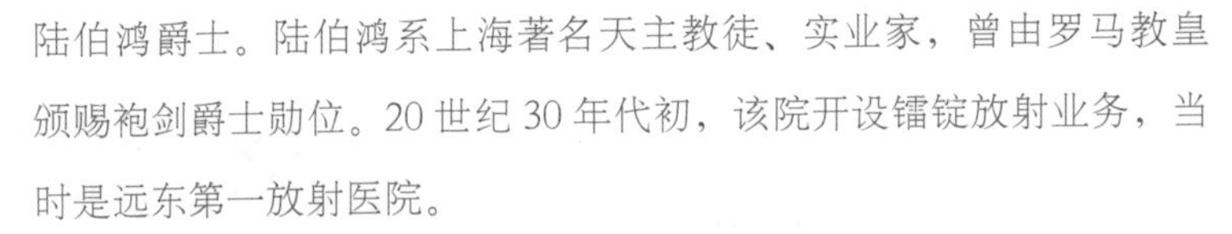

陆伯鸿爵士。陆伯鸿系上海著名天主教徒、实业家，曾由罗马教皇颁赐袍剑爵士勋位。20 世纪 30 年代初，该院开设镭锭放射业务，当时是远东第一放射医院。

九号楼这幢建筑原为圣心教堂，是一幢较典型的欧式教堂建筑，是沪上仅存的医院教堂。建筑由主楼和东西两翼组成，建筑入口处有一座八角形钟楼，建筑内部有彩色花窗，两旁有爱奥尼式壁柱，一层为钢筋混凝土上铺地砖，二层为木地板楼面。房屋平面形式呈 U 形，楼梯为钢筋混凝土楼梯。

解放后，在职工大会的要求下，政府以“接办改组”的方式予以接管。1954 年，圣心医院与市劳二医院合并，更名为上海市第二劳工医院。1958 年曾更名为杨浦区中心医院住院部。如今为杨浦区老年医院。

如今的杨浦区老年医院老楼

黄浦区中心医院（美孚洋行上海分店 四川中路 109 号）

黄浦区中心医院位于四川中路 109 号的这座建筑，这里是当年上海“美孚洋行”的旧址，被列入上海市第三批优秀历史建筑名单。美孚火油公司 1894 年在四川路自建房屋迁入营业，之后在广东路 94 号（今四川中路）自建该大楼。美孚洋行大楼即为美孚（Mobil）煤油公司办公大楼，1920 年建造，楼高四层，钢筋混凝土结构，为新古典主义建筑风格。

该大楼高 4 层，为钢筋混凝土框架结构，平面呈“L”形，立面对称，三至四层带有齿状式样挑檐。四层有连续的仿爱奥尼克式样双壁柱状形成的假外廊。入口设在转角处，二层有半圆落地拱券窗，墙角及中间饰粗花岗石壁柱，顶层上面有三角形山花装饰。屋顶四周围以带花瓶栏杯的透空式女儿墙。

1951 年美孚煤油公司被上海市军管会接管。现大楼为黄浦区中心医院急症室所使用。

原美孚煤油公司的大楼外观

如今的黄浦区中心医院急诊

如今的黄浦区中心医院急诊部

亨利·雷士德（Henry Lester，1840 — 1926 年），1840 年生于英格兰南部的港口城市南安普敦，是上海租界时代的著名建筑师、房产商和慈善家。

海员医院（雷士德工学院 虹口区东长治路 505 号）

坐落于上海北外滩东长治路 505 号的海员医院内，有一栋造型特异的建筑，原为雷士德工学院，为英国驻沪总领事馆根据英人亨利·雷士德遗嘱，用雷士德基金会部分基金建造。亨利·雷士德（Henry Lester）是英国南安普顿人，在英国伦敦一所大学读完建筑专业课后，1867 年来到上海，在上海公共租界工部局服务 3 年后，加入史密斯（Edwin Smith）房地产代理行，即德和洋行。史密斯死后，由他接办，1913 年他与约翰逊（George A Johnson）合伙改组了德和洋行（Lester，Johnson & Morris）承接了上海许多著名建筑的设计。他不仅是建筑师，还是房地产商和大慈善家。

根据雷士德遗愿建造的这所学院以培养工程师和建筑家为目标，是 20 世纪 30—40 年代位于上海的一所土木工程类私立大学。学校特设建筑和土木工程系，注重教学与实践结合，设立工厂实习和实验室实验，教导学生不仅要知其然，还要知其所以然，因此培养出了一大批社会有用之才。如陈占祥 1935 年考入雷士德工学院，毕业后又到英国留学 8 年，师从英国著名城市规划大师阿伯康培爵士，协助完成英国南部三个城市区域规划，1946 年回国后参加北平城市规划，1954 年任北京市建筑设计院副总建筑师，1979 年调任国家城建总局城市规划研究所顾问总工程师。龙兰续 1937 年毕业于雷士德工学院，他在赵祖康部下工作，投身西南、西北公路建设和上海的市政建设。

学院的学生以华人为主，校训为孟子的“苦心志，劳筋骨”。1933 年 6 月 1 日，雷士德工工学院任命英国土木工程学会会员李赉博（Bertram Lillie）作为学校校长并兼任雷士德工学院附设中专校长。学院以教师的讲课笔记为教材，是上海唯一一所不使用标准教育课本的大学。1942 年由日方接管，抗战胜利后为吴淞商船专科学校。解放后为招商局医务室、海运局职工医院（现为上海海员医院甲状腺中心，位于东长治路 505 号）。1955 年 1 月，更名上海海员医院。

学院这座建筑由德和洋行设计，久泰锦记营造厂承建，于 1936 年竣工。建筑面积 8985 平方米，钢筋混凝土结构，其平面与立面形

在建中的雷士德工学院外景

在建中的雷士德工学院主楼的背面

1934 年建成的雷士德工学院外景

似一架战斗机，其正中有五层，两侧逐渐降为四层、三层，坐北朝南，建筑细节多以天平、圆规等科学仪器及机械图案作装饰。建筑主入口为尖券门廊，顶部冠露肋穹顶塔楼。

亨利·雷士德对公益事业非常慷慨及热衷。他生前说："我的钱是在中国赚的，我要把绝大部分财产留给中国人。"1924 年 12 月 10 日，他签署了遗嘱，承诺了自己的意愿，要将现金赠予慈善团体以照顾盲人、贫民、需要救济的无处栖身的儿童，要赠予华人医院一大笔资金用于为贫民免费服务……除了捐赠外，他要把全部资产建立雷士德基金会，兴办他的医疗和教育事业。1926 年 5 月 24 日，雷士德先生在上海逝世，葬静安公墓（今静安公园），留下了一份很长的遗嘱，遗嘱首页是这样写道：

"在将近六十年中，我主要和永久的定居处一直在中国的上海，现在如此，以后也将如此；很久以前，我就选择中国作为我的户籍，目前就是这样……"遗嘱中指定将身后的资产设立基金会用于上海

外观透视图

THE LESTER SCHOOL & HENRY LESTER INSTITUTE OF TECHNICAL EDUCATION

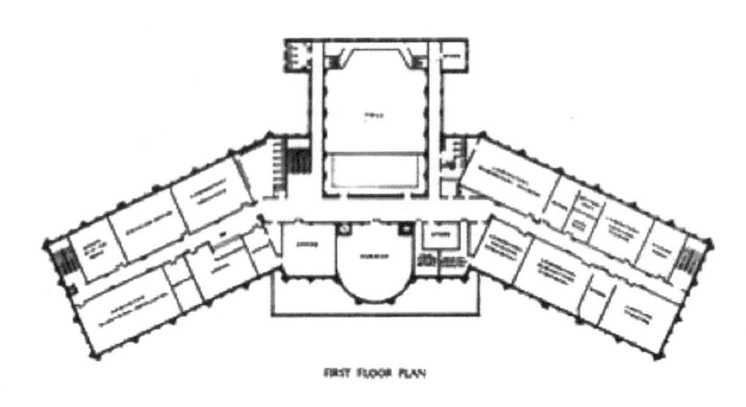

主大楼建筑平面图像一架飞机

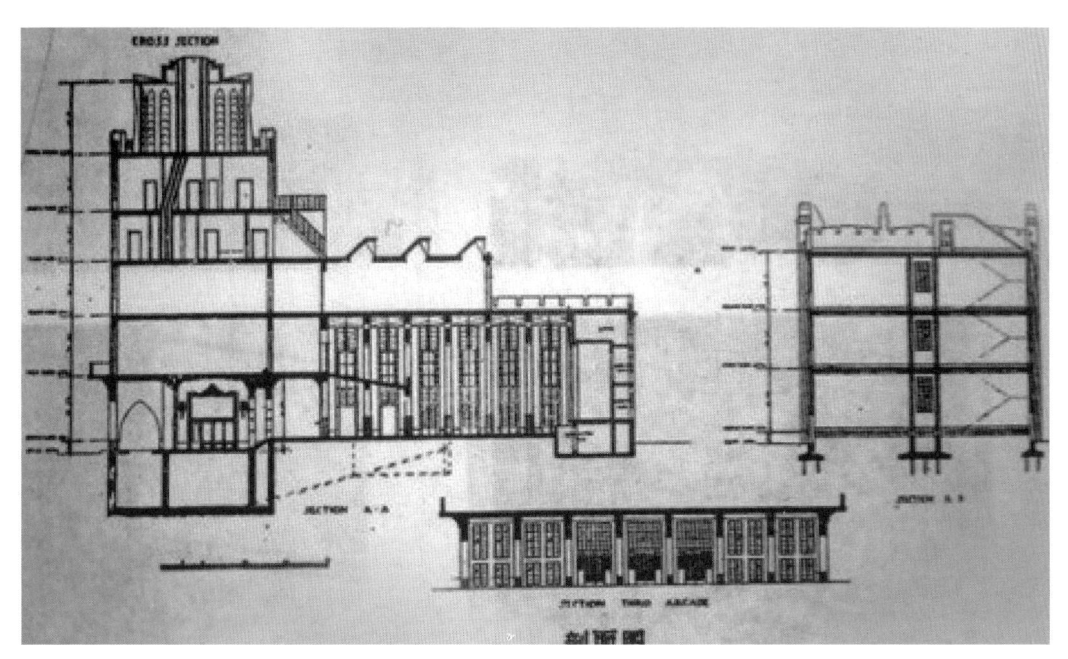

剖面图

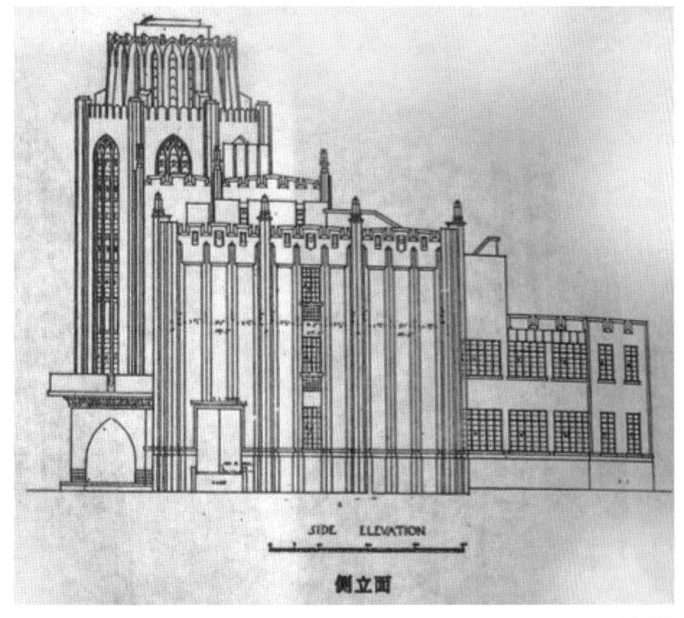

侧面图

雷士德工学院师生合影

如今的海员医院（2015 年 4 月拍摄）

的教育和慈善事业，将他名下的全部产业委托工部局管理，并由他指定的亲朋好友监管，必须用于发展上海的教育卫生事业。根据其遗嘱，将他名下所有资产估价 2000 万两成立“雷士德基金会”，用于发展上海的教育卫生事业。此基金会还投资兴建了位于上海市中心山东路上的仁济医院新楼，故上海仁济医院曾一度被称为“雷士德医院”。 1934 年，由当时英国驻沪领事馆建造的雷士德工学院成立，并且规定以接受华人子弟为主要生源。

如今，英国的雷士德基金会 The Henry Lester Trust Limited 在英国，仍然设有对中国留学生的奖学金政策，资助在英国留学的中国留学生。

2014 年 12 月 31 日，海员医院暂停营业。

经过半世纪的沧桑沉浮，海员医院虽然暂时落幕，但中华医疗事业的进程仍轰轰然地向前发展，为伟大的中华民族复兴和远大的中国梦添砖加瓦。

优秀历史建筑标牌

雷士德工学院大楼底楼大厅，地面铺设大理石，正中悬挂雷士德油画像

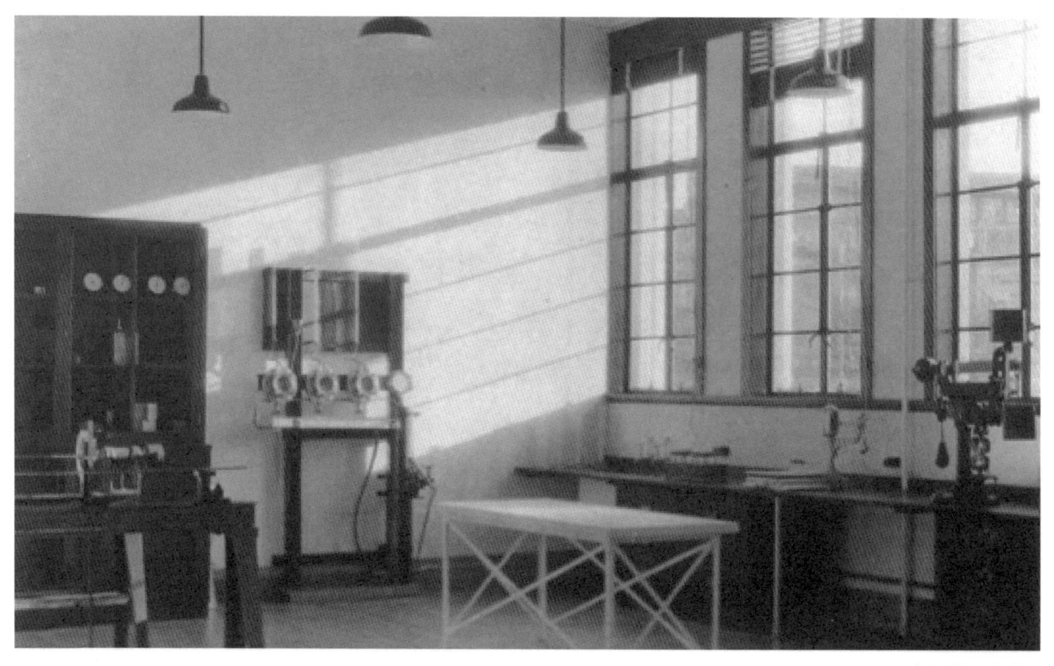

高级物理实验室

如今的海员医院

附录一：1930 年上海医院一览表

1. 人和医院，总院莫利爱路 16 号。第一分院霞飞路 167–169 号仁和里口，第二分院海宁跆 25 号北四川路口。

2. 上海工商济医院，中央施诊所贵州路厦门路水平里总办事处内。

3. 三德医院，闸北宝山路三德里。

4. 上海医社，宁波路 443 号。

5. 上海公益施医院，爱多亚路 1432 号（尚贤堂后斜对面）。

6. 上海公济医院，北苏州路 8 号（乍浦路口）。

7. 上海牙科专门医院，百老汇路（外摆渡桥北）。

8. 上海时疫医院，西藏路大世界口。

9. 上海急救时疫医院，北西藏路 30 号。

10. 上海时济医院，西藏路爱多亚路口。

11. 上海眼科医院，芝罘路 1 号贵州路（北寿圣庵前）。

12. 上海溥仁医院，北河南路洪福里 44 号。

13. 上海传华医院　汉口路 219 号。

14 上海慈善医院，蓝维蔼路德祥里 16 号。

15. 上海疗养卫生院 附设徐家汇路中国红十字会总医院内。

16. 上海疗肺净毒院 法华民国路 439 号（东新桥街口）。

17. 上海医院 南市三泰码头一号。

18. 大方医院 民国路 443 号（自来火行东街口）。

19. 大华医院 卡德路 63 号（爱文义路口）。

20 大精神治疗院 麦特赫司脱路寿春里。

21. 大德医院 戈登路 45 号。

22. 小儿专科疗养院 北四川路（鸿庆坊口）。

23. 工部局西人隔离医院 靶子路 3 号。

24. 工部局卫生巡捕医院 海能路 3 号。

25. 中和医院 老靶子路 154 号。

26. 中国公立医院 闸北横浜路。

27. 中国牙科医院 （霞飞路尚贤堂前）。

28. 中国杏林医院 敏体尼荫路生告吉里第 4 弄口。

29. 中国红十字会医院 总医院徐家汇路即海格路 263 号（善钟路西），南市医院外马路 53 号（十六铺老新舞台戏馆隔壁），北市医院新闸路 224 号。

30. 中国航业医院 爱多亚路 966 号（马霍路西）。

31. 中国疯病医院 虹口东汉壁礼路新记浜路口。

32. 中国济生医院 闸北宝山诘 28 号。

33. 中德医院 静安寺路张家浜 70 号。

34. 仁德牙科医院 北四川路老靶子路口 85 号。

35. 丹溪大学医院 孟德兰路重庆路。

36. 之江医院 劳合路宁波团 705 号。

37. 巴黎医院 南京路江西路口新康里 4 号。

38. 天方中医院 闸北大统路西共和路和兴里 15 号。

39. 天赐医院 城内木地祠街。分院牛庄路 3 号。

40. 心灵疗养院 北四川路大德里对面 2 号。

41. 世界红字会医院 西乡斜桥东路西园内。

42. 仕商戒烟医院 南京路大庆里 111 号。

43 市民施诊医院 闸北蒙古路大正里 1027 号。

44. 正德医院 麦根路 19 号（舢板厂新桥堍）。

45. 市民施诊医院 闸北蒙古路大正里 1027 号。

46. 四明医院 爱来格路（坟山路西）。

47. 永仁医院 浙江路 812 号。

48. 永安医院 靶子路（北河南路东）。

49. 申江医院 霞飞路 227 号。

50. 任氏医院 卡德路（山海关路口）。

51. 合组医院 汉口路 10 号。

52. 安生医院 闸北宝通路（长老会堂隔壁）。

53. 同仁医院 西华德路 12 号。

54. 同康医院 北海路敬胜里 70 号。

55. 同德医院 同孚路 19 号。

56. 同德产科医院 麦根路 12–13 号。

57. 江苏医院 北苏州路 131 号。

58. 至圣善医院 （兆丰路周家嘴路北）

59. 伯特利医院 敏体尼荫路 169 号（八仙桥南）。

60. 伯庸医院 爱多亚路 706 号。

61. 延泽医院 法华民国路同安里 1–9 号（东新桥转角）。

62. 宏恩医院 大西路。

63. 宏济医院 小东门民国路 68 号。

64. 志成医院 西藏路 491 号（大沽路口）。

65. 求仁医院 南市大南门西企云里对面白漾弄 17 号。

66. 亚东医院 南市沪军营电车站口。

67. 亚林医院 贝勒路礼和里 1 号。

68. 协和眼科医院 西藏路新世界北首。

69. 协济医院 嵩山路 68 号（霞飞路南）。

70. 协济疯痨医院 爱文义路巡捕房梅白格路人和里 2 弄 815 号。

71. 尚贤堂妇孺医院 萨坡赛路 1 号。

72. 明强医院 湖北路即大新街迎春坊 311 号。

73. 明德医院 法租界太平桥三益周 10 号。

74. 东方医院 霞飞路大安里 238 号。

75. 东南医院 南市沪军营外马路 363 号。

76. 花柳专科医院 麦根路口武定路。

77. 保生医院 城内露香园路 29 号（新舞台北）。

78. 保赤医院 爱文义路（巡捕房对面）。

79. 保产医院 民国路 438 号（新侨街口）。

80. 保康医院 浙江路保康南里。

81. 南方医院 八仙桥街 182 号。

82. 南大医院 麦根路（舢板厂新桥堍）。

83. 春在医院 宁波跆66号（八仙桥街角）。

84. 泉漳医院 南市紫霞路升吉里55号。

85. 美约医院 大通路培德里1348号。

86. 美国卫生处 广东路1号。

87. 孙纬才父子医院 宁波路64号（八仙桥街口）。

88. 时泰医院 北京路鸿兴里866号。

89. 海宁医院 北四川路（鸿庆坊）分院公馆马路八仙桥。

90. 浙江水木医院 闸北裕通路。

91. 健华医院 星加坡路4427号（胶州路相近）。

92. 国民医院（牙科） 宁波路渭水坊65号。

93. 贫民慈善医院 小东门内四牌楼。

94. 妇孺医院 西门外方斜路277号。

95. 妇孺产科医院 西藏路宁波同乡会对面福源里。

96. 崇德医院 麦根路18—19号。

97. 崇实医院 霞飞路112号（维尔蒙路东）。

98. 斜桥医院 西门斜桥丽园路八婺公所内。

99. 造福医院 敏体尼荫路274号。

100. 专治子宫医院 霞飞路贝勒路口274号。

101. 陆基康医局 宁波路273号（广西路口）。

102. 博爱医院 霞飞路199—201号。

103. 善济医院 贵州路5号（宁波路北）。

104. 惠工医院 闸北恒通路3号。

105. 惠民医院 西门路102号。

106. 惠安医院 福州路M338号。

107. 惠旅医院 爱文义路1995号。

108. 惠然医院 崇明路12号。

109. 普明眼科医院 汉口路小花国1号。

110. 普善医院 西医院闸北新民路66号。

111. 植生医院 北泥城桥鸿兴里881号半。

112. 粤商医院 闸北天通庵路严家阁 147 号。

113. 华光医院 霞飞路 188 号。

114. 华东牙科医院 四川路 168 号（北京路口）。

115. 华振医院 闸北新疆路华振坊 5 号。

116. 华洋博济医院 七浦路凤来路 11 号。

117. 华美医院 民国路 538—539 号（麋鹿路口）。

118. 雄星医院 闸北宝山路存仁里 268 号。

119. 黄楚九医院 龙门路 1094 号。

120 伤科医院 闸北大统路鸿庆里。

121. 嵩山医院 葛罗路 35 号（恺自迩路南）。

122. 爱多医院 爱多亚路（贝勒路口）。

123. 溥仁医院 北河南南路洪福因 44 号。

124. 溥安医院 北江西路桃源坊 184 号。

125. 虞琪医院 霞飞路 222 号。

126. 道济医院 北浙河路宁康里 334 号。

127. 慈惠医院 靶子路寿彭里 72 号。

128. 沪北医院 老靶子路 42 号。

129. 沪东医院 杨树浦路桥东省 85 号。

130. 沪南平民医院 南市陆家浜大王庙街。

131. 沪南神州医院 南市咸瓜街太平弄。

132. 沪城时疫医院 石皮弄。

133. 福音医院 爱多亚路（大世界东）。

134. 赵福康化验所 南京路 B11 号。

135. 广仁医院 爱文义路 14 号。

136. 广育产科医院 孟纳拉路 437 号。

137. 广东大同医社 北江西路桃源坊 186 号。

138. 广东医院诊察所 东武昌路三元宫边德兴里。

139. 广益医院 城内肇嘉路石皮弄内。

140. 广慈医院 金神父路 197 号。

141. 广肇医院 海宁路 128 号。

142. 德和医院（旧称仁济医院） 天主堂街。

143. 德济医院 闸北新疆路天保里 290 号。

144. 树德医院 自来火行西街 9 号 (仁美里西弄口)。

145. 济生医院 闸北宝山路 28 号宝兴路口。

146. 济华医院 爱文义路温州路红房子 117 号。

147. 联益善会施医院 闸北香烟桥路 13–21 号。

148. 谦益伤科医院 海宁路西永和坊 142 号。

149. 药坤医舍 天潼路 352–353 号（北四川路东）。

150. 宝隆医院 白克路 22 号。

151. 露沙医院 老靶子路沈家湾相近。

附录二：列入上海市第一～五批优秀历史建筑名录的上海医院里的老建筑

地址	现名	原名
上海市第一批优秀历史建筑名单（第一批）		
延安西路 221 号	华东医院南楼	宏恩医院
上海市第二批优秀历史建筑名单（第二批）		
东长治路 505 号	上海市海员医院	雷氏达工学院
山东中路 145 号	仁济医院	麦家圈医院
医学院路 136 号	中山医院	中山医院
长海路 174 号	第二军医大学长海医院（主楼）	旧市博物馆
上海市第三批优秀历史建筑名单（第三批）		
城桥镇县中心医院	崇明县中心医院	黄家花园
延安西路 934 号	长宁区妇产科医院	私立妇孺医院
淮海西路 338 号	空军 455 医院	弗兰克林住宅、中央银行俱乐部
青海路 44 号	岳阳医院	住宅
乌鲁木齐中路 12 号 5 号楼	华山医院 5 号楼	法国会所
上海市第四批优秀历史建筑名单（第四批）		
九江路 219 号	曾为黄浦区人民政府大楼	百乐饭店 / 同仁医院 / 教会学校
陕西北路 805 号	市眼科医院	花园住宅
延安中路 393 号	妇婴保健院	中德医院
重庆南路 139 号	卢湾区政府 2 号楼	克美产科医院
瑞金二路 197 号	瑞金医院 8 号楼	广慈医院
汾阳路 83 号 10 号楼	上海眼耳鼻喉科医院	犹太医院及水塔
天平路 40 号	文艺医院	花园住宅
多伦路 210 号	海军 411 医院	白氏旧居
杭州路 349 号	杨浦老年医院 9 号楼	圣心教堂
政民路 507 号	肺科医院（白楼）	叶家花园（小白楼）
长海路 174 号（长海医院内）	长海医院（飞机楼）	中国航空协会飞机楼
江苏路 796 号	上海房地局职工医院 / 华山医院（分部）1 号楼	麦加利银行高级职员住宅

哈密路1713号	空军医院A楼花园住宅	花园住宅
哈密路1713号	空军医院B楼教堂	教堂
上海市第四批优秀历史建筑名单（第五批）		
石门一路315弄6号	上海市公惠医院	
东体育会支路41号	上海赤峰医院	
北苏州路190号	公济医院旧楼东部	公济医院
虬江路1057号	上海铁路医院	上海铁道医院

注：本书因史料有限，若有出入之处，请及时与作者联系。

参考文献

1. 陆明 上海近代西医医院概述 《中华医史杂志》 1996年1月26卷第1期

2. 朱明德 陈佩《仁济医院155年》华东理工大学出版社 1999年

3.《仁术济世——上海第一家西医医院的百年故事》复旦大学出版社 2010年

4. 王尔敏《近代上海科技先驱之仁济医院与格致书院》广西师范大学出版社 2011年

5. 陈从周 章明 主编 上海市民用建筑设计院 编著《上海近代建筑史稿》上海三联书店 1988年

6. 刘琳 《穿越在上海百年老医院》 新民周刊 2013年11月

7. 何兰萍，吴京《近代中国医院兴起的社会影响刍议》 南京中医药大学学报（社会科学版）2012年9月第13卷第三期

8. 葛壮《宗教和近代上海社会的变迁》上海书店出版社 1999年

9. 阮仁泽 高振农主编 《上海宗教史》 上海人民出版社 1992年

10. 熊月之主编《稀见上海史志资料丛书》5 上海书店出版社 1912年

后记

策划这套书始于2009年初，那时我刚来到同济大学出版社工作，在选题开发上我对艺术类选题有了新的认识，对城市的历史发展、建筑、人文、艺术更加关注。同济大学具有百年历史，通过对她的发展、变迁以及独特的学科建设的思考，我拓宽自己选题思路。

两千多年前的亚里士多德曾说过这么一句话："人们为了生活来到城市，为了生活得更好留在城市。"这代表了人类对城市亘古不变的希冀与期待。

当时也是心血来潮想个题目"上海城市记忆"。开始写策划书，找作者， 收集资料，编写写作计划。需要编写人员有足够的学识、文脉与写作经验来完成，这是不小的出版工程，写作难度比较大，文献资料，影像资料力求原始。作者找到了，由于种种原因拖延好久没有定夺，辗转三年多流产了。

互联网的迅速发展，多元化的信息交流，已经有近八年微博的我经常关注人文、艺术等城市影像内容，每天都见到关注我的粉丝，经常交流我们共同关注的内容。其中有个粉丝叫"乔茗星"的，用其儿子名字命名的微博，其本人叫乔士敏，八十年代初上海美术学校毕业，1986年创办活跃于上海的巴黎咖啡厅艺术沙龙，2000年成立自己的艺术工作室。乔先生的作品特点是用摄影作品表现其绘画的艺术效果，体现本土文化的又一特点。我们交流得很深，有一个共同的爱好，都是学美术出身，对视觉艺术都有一个共同点。尤其对不间断记录这个城市变迁的过程、留取城市在时光中的片段、剪辑记忆在生活中的足迹。 珍重自然文化与历史文化，给了我们感悟与抚慰。

《上海城市记忆丛书》的编写运用文献、影像、人物采访等多种手段，立体式呈现近现代上海城市与市民生活发展的轨迹，反映上海国际大都市的沧桑巨变和风土人情。城市记忆从本质上说是一种文化记忆。城市应该成为一件艺术品，保留曾经在此居住和生活过的人们的想象力，从而涵养一种独特的历史记忆和人文气质。一幢幢就在人们身边的老房子，透过年轮的沧桑，折射出一段段耐人寻味的历史故事。百年建筑，建筑百年，表现的正是上海国际大都市的城市形象和城市精神。建筑不仅是上海城市精神和创造力的表现，更是这座国际化大都市乃至整个近代中国的现代化走向和发展脉络的折射点。

策划这套丛书，全面、系统总结、呈现上海建筑的历史风貌、时代变迁和今昔变革，铅色的高楼大厦所带来的经济效益不可能长久，而一座城市的文化记忆却是永恒的。那些看似窄小破旧的弄堂，墙壁斑驳的旧式建筑，无一不是一本本具体真实的人类文化与城市发展轨迹的记录簿。历史和文化才是一座城市长盛不衰的魅力与个性。在这些老屋老街的背后所隐含着的民俗民风，独特历史构成了上海的底蕴和内涵，这些历经岁月沧桑却风光依旧的古建筑，浑身上下洋溢着的是一种无法替代的文化气质。

历史建筑和历史景观在城市中扮演着重要角色，它们是历史的见证。越是现代化的社会，越会将自己的传统和历史文化奉若神明。因为正是由于它们的存在，城市的发展才具有了历史的延续性和连贯性，生活在城市之中的市民才能拥有同一份记忆，才能让情感联系得更为紧密。

那泽民

2016 年 1 月 28 日于同济大学出版社

图书在版编目（CIP）数据

走近上海医院深处的老建筑 / 陆韵，陶祎珺编著
-- 上海：同济大学出版社，2017.4
（上海城市记忆丛书）
ISBN 978-7-5608-6821-9

Ⅰ. ①走… Ⅱ. ①陆… ②陶… Ⅲ. ①医院—建筑史—介绍—上海 Ⅳ. ① TU246.1-092

中国版本图书馆 CIP 数据核字（2017）第 058270 号

上海城市记忆丛书
走近上海医院深处的老建筑

策　　划　那泽民　乔士敏

编　　者　陆　韵　陶祎珺
责任编辑　那泽民
装帧设计　润泽书坊+朱倩倩
责任校对　张德胜
出版发行　同济大学出版社
（上海四平路 1239 号　邮编：200092　电话：021-65985622）
网　　址　www.tongjipress.com.cn
经　　销　全国各地新华书店
印　　刷　上海丽佳制版印刷有限公司
开　　本　710mm×980mm　1/16
印　　张　7
字　　数　140000
版　　次　2017 年 4 月第 1 版
印　　次　2017 年 4 月第 1 次印刷
书　　号　ISBN 978-7-5608-6821-9
定　　价　55.00 元